Nizar Didane

Élaboration et caractérisation de matériaux polymères intumescents

Nizar Didane

Élaboration et caractérisation de matériaux polymères intumescents

Application aux textiles de recouvrement

Presses Académiques Francophones

Impressum / Mentions légales
Bibliografische Information der Deutschen Nationalbibliothek: Die Deutsche Nationalbibliothek verzeichnet diese Publikation in der Deutschen Nationalbibliografie; detaillierte bibliografische Daten sind im Internet über http://dnb.d-nb.de abrufbar.

Information bibliographique publiée par la Deutsche Nationalbibliothek: La Deutsche Nationalbibliothek inscrit cette publication à la Deutsche Nationalbibliografie; des données bibliographiques détaillées sont disponibles sur internet à l'adresse http://dnb.d-nb.de.

Coverbild / Photo de couverture: www.ingimage.com

Verlag / Editeur:
Presses Académiques Francophones
ist ein Imprint der / est une marque déposée de
OmniScriptum GmbH & Co. KG
Bahnhofstraße 28, 66111 Saarbrücken, Deutschland / Allemagne
Email: info@omniscriptum.com

Herstellung: siehe letzte Seite /
Impression: voir la dernière page
ISBN: 978-3-8416-2510-6

N° : 40883

THESE DE DOCTORAT

présentée et soutenue publiquement à

L'UNIVERSITE DES SCIENCES ET TECHNOLOGIES DE LILLE
Ecole doctorale des Sciences Pour l'Ingénieur

pour obtenir le grade de

DOCTEUR

Spécialité : Mécanique Energétique Matériaux

par

Nizar DIDANE

Ingénieur ENSAIT

Elaboration et caractérisation fonctionnelle de matériaux polymères intumescents – Application aux textiles de recouvrement

---

Soutenance prévue le 9 Octobre 2012 devant la Commission d'Examen :

Prof. Serge BOURBIGOT	Président du jury
Prof. Giovanni CAMINO	Rapporteur
Dr. René FULCHIRON	Rapporteur
Dr. Abdelaziz LALLAM	Examinateur
Prof. Eric DEVAUX	Directeur de Thèse
Dr. Stéphane GIRAUD	Co-Directeur de Thèse

"Là où la volonté est grande, les difficultés diminuent"

Nicolas Machiavel

Remerciements

Avant d'exprimer ma gratitude envers les personnes qui ont contribué au bon déroulement de ces travaux de thèse, j'aimerais remercier le FEDER et la Région Nord Pas de Calais qui ont financé le projet INTUMAT.

Un grand merci à tous les partenaires du projet et tout particulièrement aux acteurs du groupe Textile Siège, notamment Monsieur Serge Bourbigot et Madame Sophie Duquesne, Professeurs des Universités à l'ENSCL, Madame Mathilde Casetta et Madame Fabienne Solarski, Maîtres de Conférences à l'ENSCL, Monsieur Pierre Bachelet, ingénieur à l'UMET et Monsieur Guillaume Capon, ingénieur au CREPIM pour leur partage de connaissances et les échanges constructifs durant les différentes réunions techniques.

Je tiens à exprimer toute ma reconnaissance envers Monsieur Eric Devaux, Professeur des universités à l'ENSAIT, pour m'avoir fait confiance et m'avoir permis de travailler sur ce projet. Son encadrement, la pertinence de ses réflexions et ses recommandations ont grandement contribué à ma formation et à l'aboutissement de ces travaux. Je remercie également Monsieur Stéphane Giraud, Maître de Conférences à l'ENSAIT, pour sa disponibilité, son écoute et ses précieux conseils prodigués tout le long de ces trois années. Je leur adresse tout particulièrement mes remerciements pour la bonne ambiance qui a régné lors de nos réunions, je mesure la chance que j'ai eu de faire partie de cette équipe tant les conditions de travail étaient motivantes.

J'adresse mes remerciements à Monsieur Giovanni Camino (Professeur à l'Université Polytechnique de Turin) et Monsieur René Fulchiron (Maître de Conférences-HDR à l'INSA de Lyon) pour avoir accepté d'être rapporteurs de cette étude, à Monsieur Abdelaziz Lallam (Maître de Conférences à l'Université de Haute Alsace) pour avoir accepté d'être examinateur et pour l'honneur qu'ils me font de participer au Jury. Je tiens aussi à remercier Monsieur Serge Bourbigot, Professeur des Universités à l'ENSCL, pour avoir accepté la charge de présider la commission d'examen de cette thèse.

J'aimerais exprimer mes remerciements à l'ensemble du personnel de l'ENSAIT et du GEMTEX, en particulier à Guillaume Lemort pour son soutien technique. Son implication rapide et efficace dans le projet, ses qualités professionnelles et personnelles ainsi que ses plaisanteries (pas toujours drôles) ont rendu très agréables les heures passées au laboratoire. Je souhaite également remercier l'ensemble des enseignants/chercheurs du GEMTEX qui m'a aidé de près ou de loin durant ces trois années. Je tiens à exprimer ma gratitude aux Docteurs François Rault et Stéphane Giraud pour les heures de monitorat enrichissantes qu'ils m'ont délégué. J'adresse aussi mes remerciements aux stagiaires qui ont travaillé avec moi sur ce projet : Jingwei Du et Fanoela Andriatsimialomananarivo.

Outre les membres du GEMTEX et de l'ENSAIT, je souhaite remercier Séverine Bellayer, ingénieur de recherche à l'UMET, pour les analyses en microsonde électronique malheureusement peu fructueuses, Davy Breuil, technicien à l'IFTH, pour les analyses MEB ainsi que Patrick Gobert, technicien au CREPIM, pour les caractérisations d'opacité et de toxicité des fumées.

Merci aux doctorants et plus particulièrement à mes « compagnons de cantine » réguliers ou non : Benjamin Provost, Jonas Bouchard, Jean-Vincent Risicato, Jérôme Vilfayeau, Vanessa Pasquet et Boris Duchamp.

Les derniers remerciements, mais non les moindres sont adressés à mes parents, mes amis et mes proches pour leur soutien moral infaillible au fil des années et durant ces trois dernières en particulier.

Sommaire

Remerciements

Sommaire

Introduction générale

Chapitre I :
La tenue au feu et la mise en œuvre des matériaux polymères

Chapitre II :
Matières premières, procédés de mise en œuvre et méthodes de caractérisation

Chapitre III :
Développement et étude de systèmes ignifugés à faibles taux de charges

Chapitre IV :
Développement et étude de systèmes ignifugés à taux de charges élevés

Chapitre V :
Développement et étude de matériaux sous forme fibreuse

Conclusion générale

Publications et communications

Introduction générale

Dans le cadre d'applications industrielles, les matériaux polymères présentent de nombreux avantages comparativement aux métaux et au bois, tels que la légèreté, la durabilité, l'inertie à la corrosion et la facilité de leur mise en œuvre. Ces caractéristiques font d'eux des solutions technologiques privilégiées dans de nombreux domaines comme le secteur ferroviaire. La classification des différents polymères employés dans le domaine du transport collectif proposée par Ito *et al.* [1] en est la parfaite illustration (**Tab 1**).

Intérieur	Extérieur
Dragonnes, accoudoirs, fenêtres (PC)	Panneaux isolants pour toiture (PVC)
Tablettes (PA)	Conduits d'eau de pluie (PVC)
Textiles (PEs)	Allées sur le toit (PVC)
Sièges (UPG)	Protections de pantographe (UPG)

PC : Polycarbonate ; PA : Polyamide ; PEs : Polyester ; UPG : Polyester insaturé renforcé en fibres de verre ; PVC : Polychlorure de vinyle

Tab 1.   Liste non exhaustive de polymères utilisés dans le secteur ferroviaire [1]

La sensibilité des matériaux polymères aux contraintes thermiques fortes a conduit à l'évolution de la réglementation européenne concernant la protection contre l'incendie pour les transports ferroviaires (**Fig. 1**). Selon la SNCF (Société Nationale des Chemins de Fer Français), le mobilier rembourré est à l'origine de 40 % des départs de feu entre 2001 et 2003, généralement provoqués dans le cadre d'actes de vandalisme. Cet aspect est considéré dans les nouvelles exigences législatives où les tissus sont lacérés exposant la mousse à un allumage direct (NFF 160101 et EN 45545) [2].

Fig 1.   Exemples d'incendies déclarés dans le secteur ferroviaire international [3,4]

C'est pour répondre aux problématiques de protection contre l'incendie qu'a été élaboré le projet INTUMAT (Développement de fibres polyester INTUmescentes pour la fabrication de MATériaux textiles de recouvrement et de structures composites, comprenant l'intégration de mousses polyester intumescentes). Ce projet est soutenu par la direction générale de la compétitivité, de l'industrie et des services (DGCIS) et le fonds unique interministériel (FUI). Il comprend plusieurs tâches (**Fig. 2**) pilotées par les différents partenaires participant aux actions de recherche et développement : l'Unité Matériaux et Transformation (UMET), l'Institut Français du Textile Habillement (IFTH), l'Ecole des Mines de Douai (ARMINES), le Centre de Recherche et d'Etudes sur les Procédés d'Ignifugation des Matériaux (CREPIM), Alstom, Duflot, OCV Chambéry International, ESI group et le laboratoire de Génie et Matériaux Textiles (GEMTEX). Dans le cadre du projet, le laboratoire GEMTEX est en charge du développement de formulations à base de poly (éthylène téréphtalate) (PET) ignifugé et de l'étude de leurs propriétés thermiques, rhéologiques, de performances au feu, ainsi que leur aptitude à être transformées en matériaux fibreux.

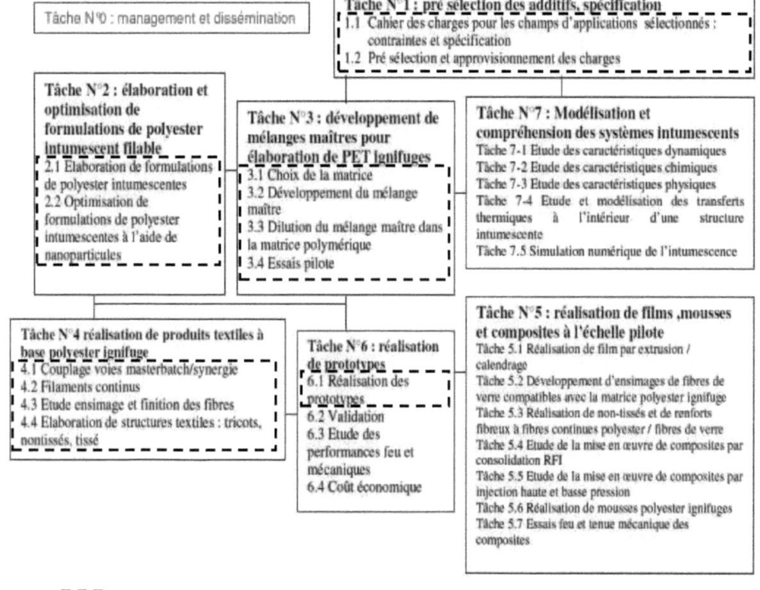

: Tâches où le GEMTEX est responsable et/ou collaborateur

Fig 2. Présentation des tâches dans le cadre du projet INTUMAT et des différents liens et interactions entre elles

Parmi les polymères synthétiques, le poly (éthylène téréphtalate) (PET) a été choisi du fait qu'il est largement utilisé dans l'industrie textile sous forme de fibres. En comparaison avec les autres polymères de commodité, le PET présente de bonnes propriétés mécaniques et tinctoriales, des stabilités thermique et chimique convenables, et un coût relativement faible. Cependant, de par sa nature organique, ce matériau a un mauvais comportement au feu et nécessite un traitement pour améliorer ses caractéristiques fonctionnelles.

La méthode retenue pour l'ignifugation du PET est basée sur le principe de l'intumescence : face à une source de chaleur, le matériau produit une croûte charbonnée expansée communément appelée « char ». Le « char » agit telle une barrière physique qui réduit le transfert de chaleur et de masse. Ce processus protège le polymère contre la dégradation thermique et stoppe ainsi le dégagement de composés inflammables. Ce mécanisme est d'autant plus intéressant compte tenu de l'application finale visée. En effet, l'intumescence permettrait d'isoler le substrat, dans notre cas la mousse polyuréthane (PU), des flammes et ainsi de limiter sa contribution dans l'incendie. Le PU présente une mauvaise réaction au feu et libère une quantité de gaz importante lors de sa combustion. Ce comportement est discriminant quand il s'agit d'incendie dans un endroit clos. Les dégagements de fumées peuvent alors occasionner plus de victimes que les flammes elles mêmes (*e.g.* intoxication, étouffement, difficulté de fuite ou d'intervention,…).

Ce mémoire rendra compte de l'ensemble des travaux menés durant le projet et sera divisé en cinq parties.

La première partie sera consacrée à une synthèse bibliographique sur la tenue au feu et la mise en œuvre des matériaux polymères. Les différentes méthodes d'ignifugation seront passées en revue ainsi que les mécanismes de protection des systèmes retard au feu. Pour les matrices polymères PET, un système ignifugeant se démarquera dans cette étude en raison de ses performances élevées : le mélange de phosphinates métalliques et de nanocharges silicatées POSS [5,6]. Cette combinaison est efficace à de faibles fractions massiques (10 % en masse) grâce à un effet synergique entre les deux produits. Les performances des nanocharges en tant que retardateurs de flammes seuls ont montré leur efficacité dans plusieurs études scientifiques détaillées dans le **Chapitre I**. Cependant, leur coût élevé limite leur utilisation à une échelle industrielle, il est donc utile, voire nécessaire, de recourir aux nanocharges en tant que synergistes pour diminuer leur quantité dans la matrice tout en obtenant de meilleurs résultats en comportement au feu.

La seconde partie sera dédiée à la présentation des matières premières employées durant nos travaux, aux procédés choisis pour les mettre en œuvre, et aux méthodes de caractérisation qui nous ont permis d'analyser les matériaux développés.

Dans la troisième partie, des systèmes ignifugés à base de PET contenant un faible taux de charges (fraction massique d'additifs égale à 10 %) seront étudiés. Pour ce faire, différents phosphinates métalliques et nanocharges POSS seront considérés pour le développement de plaques ou de matériaux fibreux. L'aspect de synergie entre ces deux additifs et les différents paramètres qui l'influencent seront également commentés.

La quatrième partie traitera de l'élaboration de matrices polymères hautement chargés (fraction massique d'additifs égale à 20 %). Les modifications rhéologiques, thermiques et mécaniques qui découlent de cette forte teneur en charge seront étudiées en vue de développer des multifilaments.

Dans la cinquième et dernière partie, les voies d'ignifugation de textiles *via* le mélange de fibres ou l'enduction seront analysées. Finalement, l'influence de la dispersion des additifs et leur compatibilité avec la matrice polymère sur les propriétés physiques du matériau final sera commentée.

Bibliographie :

[1] Ito M, Nagai K, *Degradation issues of polymer materials used in railway field.* Polymer Degradation and Stability 2008; **93**: 1723

[2] Rapport descriptif du projet INTUMAT

[3] http://www.indianexpress.com consulté le 19-06-2011

[4] http://www.bbc.co.uk consulté le 19-06-2011

[5] Vannier A, Duquesne S, Bourbigot S, Castrovinci A, Camino G, Delobel R, *The use of POSS as synergist in intumescent recycled poly(ethylene terephthalate).* Polymer Degradation and Stability 2008; **93**: 818

[6] Vannier A, Thèse de Doctorat, Université de Lille I 2008

Chapitre I :
La tenue au feu et la mise en œuvre des matériaux polymères

A- L'ignifugation des polymères

L'ignifugation des matériaux est une problématique que l'homme cherche à résoudre depuis bien longtemps. Selon des sources historiques, les premières solutions datent de deux anciennes civilisations, chinoise et égyptienne, où le vinaigre et l'alun furent utilisés pour protéger les polymères naturels et le bois [1].

Les matières plastiques, contrairement aux matériaux tels que le bois ou les métaux, ont été artificiellement préparées et chimiquement modifiées par l'homme, et ce principalement à partir d'un élément naturel : le pétrole. En ces cinq dernières décades, l'humanité a observé un développement exponentiel dans le domaine des polymères synthétiques au point que certains s'accordent à dire que le siècle dernier mérite l'appellation de « l'âge du plastique » [2].

De par leurs propriétés physiques et chimiques intéressantes, les polymères représentent une solution technologique dans d'innombrables domaines d'applications. Cependant, le caractère limitant de ces matériaux est leur nature généralement organique qui réduit considérablement leur tenue au feu. Face à une source de chaleur, les polymères se dégradent par scission de leurs chaines macromoléculaires, et des composés combustibles sont alors dégagés. A une température donnée, dépendante de la nature du polymère, une ignition se produit au contact de l'oxygène présent dans l'air. La flamme ainsi amorcée sera entretenue tant que l'oxygène, le combustible (le polymère) et la chaleur seront en quantités suffisantes ; ces trois éléments constituent la base de la combustion et représentent les sommets du « triangle du feu ». La combustion des polymères est un phénomène complexe mettant en jeu plusieurs processus simultanés que Troitzsch a tenté de simplifier par l'illustration ci-dessous (**Fig. 1**).

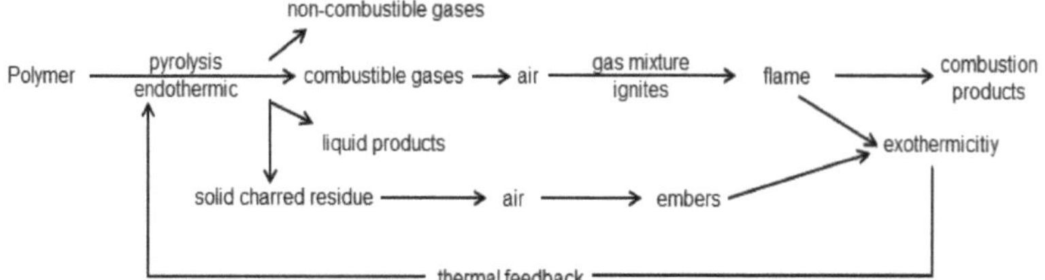

Fig 1.   Représentation schématique de la combustion d'un polymère [3]

Les premières études scientifiques concernant l'ignifugation datent du début du XIXème siècle (1821), où le chimiste Français Gay-Lussac a proposé plusieurs traitements anti-feu pour les polymères cellulosiques dont un mélange à base de borax et de sel d'ammoniac [4]. Depuis, les travaux sur la protection contre le feu se sont succédé. Une recherche sur la base de données *SCOPUS* [5] avec les mots-clefs « fire retardancy » nous renvoie plus de 1800 documents. Le nombre de ces productions scientifiques ne cesse de croitre depuis les années 60. Bien que les solutions pour améliorer la tenue au feu des polymères ne manquent pas, la législation relative à la sécurité incendie dans les foyers, les lieux de travail, les moyens de transport ou les endroits publics ne cesse d'évoluer. Ainsi, des contraintes relatives à la toxicité et l'opacité des fumées ou à l'impact environnemental des produits chimiques ont été mises en vigueur. Il y a donc une réelle nécessité quant au développement de nouveaux systèmes ignifugés pour répondre aux exigences normatives.

L'objectif des parties qui suivent est de présenter une synthèse sur la tenue au feu des matériaux polymères (naturels ou synthétiques). Nous introduirons en premier lieu les procédés employés pour améliorer les propriétés au feu des matériaux. Nous traiterons également le cas distinct des polymères sous forme de matériaux fibreux. Dans la suite, les mécanismes d'action des systèmes ignifugés seront présentés avec un intérêt particulier pour le mode de protection au feu choisi dans le cadre de l'étude.

I- Les procédés d'ignifugation

I.1- Les mélanges par voie fondue : polymères/additifs

Cette méthode consiste à mélanger par extrusion un polymère fusible et un retardateur de flammes (FR). Les polymères utilisés sont exclusivement synthétiques et les produits chimiques, que nous appelons également additifs ou charges, se présentent généralement sous forme pulvérulente. Les contraintes mécaniques et thermiques appliquées au mélange lors de la mise en œuvre en voie fondue assurent une association physique ou chimique entre les deux matériaux. Cette méthode présente plusieurs avantages, car elle constitue une manière aisée de fonctionnaliser les matériaux plastiques avec un moindre coût. Elle offre également la possibilité de mettre en œuvre un large choix de matières premières avec des taux de charge adaptables. Néanmoins, ce procédé présente certaines limites. La température de mise en œuvre de la matrice polymère ne doit pas être supérieure à la température de dégradation des produits à incorporer. Aussi, la granulométrie des additifs peut entrainer des modifications rhéologiques et, à des taux de charge élevés, des réductions importantes dans les propriétés mécaniques de la matrice polymère.

I.1.1- Les additifs retardateurs de flammes conventionnels

Selon l'EFRA (European Flame Retardants Association), cinq familles principales de FR se distinguent par leur efficacité : les additifs à base de brome, de chlore, d'éléments inorganiques, d'azote ou de phosphore [6].

Les FR halogénés (à base de brome ou de chlore) ont longtemps été privilégiés pour leurs performances d'ignifugation [7,8,9]. Cependant, la communauté européenne tend à bannir leur utilisation depuis le début des années 90 pour des raisons sanitaires et écologiques. Lors d'une combustion, les matériaux ignifugés avec des FR halogénés dégagent des fumées contenant des composés toxiques qui sont difficilement dégradables et potentiellement cancérigènes [10,11].

Les retardateurs de flammes inorganiques se composent majoritairement d'oxydes métalliques tels que les hydroxydes d'aluminium ou de magnésium. Le point limitant de ces additifs est la quantité importante à incorporer dans la matrice polymère pour atteindre de bons résultats au feu [12]. Leur utilisation est donc limitée à des applications où les propriétés mécaniques ne sont pas cruciales.

La mélamine (**Fig. 2**), de formule brute $C_3H_6N_6$, est un retardateur de flammes à base d'azote. Contrairement aux additifs halogénés, la mélamine ne présente aucun risque toxique [13] mais elle ne montre de bonnes propriétés au feu qu'à des taux de charge élevés [14,15]. Pour palier à ces lacunes, des dérives de la mélamine (essentiellement des combinaisons avec d'autres produits FR) ont été développés [16,17,18]. Les plus répandus sont ceux contenant des additifs phosphorés compte tenu de la synergie établie entre le phosphore et l'azote [19,20].

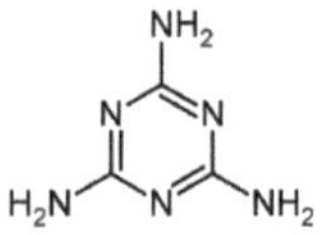

Fig 2.   Formule chimique de la mélamine

La dernière famille de retardateurs de flammes, et non des moindres, est celle des agents phosphorés. Ces additifs ont été largement étudiés et commentés dans la littérature [21,22,23]. Ils présentent une efficacité ignifugeante intéressante pour des taux de charge relativement bas et un impact environnemental faible.

Parmi les FR phosphorés commercialisés, les phosphinates métalliques (**Fig. 3**) se révèlent être de bons candidats à l'ignifugation des matériaux polymères.

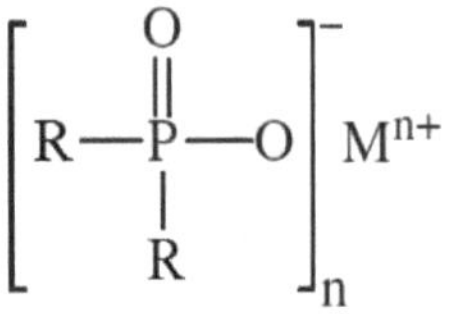

Fig 3.   Formule chimique des phosphinates métalliques (R = alkyle, M = métal)

La société Pennwalt fut la première à exploiter les phosphinates métalliques à la fin des années 70 [24]. Depuis, ces additifs se déclinent en plusieurs types avec des sels métalliques différents (zinc, aluminium, calcium) afin de convenir à des matériaux polymères spécifiques. Braun *et al.* [25] ont étudié un système FR combinant du polyamide 6,6 renforcé en fibres de verre avec un mélange de phosphinates d'aluminium (AlPi), de polyphosphate de mélamine et de borate de zinc. Le matériau final a atteint le rang V-0, le meilleur du test UL-94 et a montré, sous un flux de chaleur de 50 kW/m² au cône calorimètre, une réduction de 70 % du pic du débit calorifique (PRHR) comparé au matériau vierge. Brehme *et al.* [26] ont incorporé en voie fondue 20 wt.% d'AlPi dans du poly (butylène téréphtalate) (PBT), ce qui a conduit à des réductions de 70 % en PRHR et de 40 % en quantité de chaleur totale dégagée (THE) par rapport au PBT vierge. Vannier *et al.* [27] ont choisi d'ajouter 10 wt.% de phosphinates de zinc (ZnPi) dans du poly (éthylène téréphtalate) et ont amélioré le comportement au feu du thermoplastique avec des réductions de 37 % en PRHR et 24 % en THE. Aussi, certaines études ont révélé des performances au feu améliorées lorsque les phosphinates métalliques sont associés à d'autres additifs. Cet aspect de synergie sera traité dans la partie consacrée aux mécanismes d'ignifugation.

I.1.2-   Les nanocomposites pour les applications feu

Les premiers travaux sur les nanocomposites ont été menés par Blumstein [28-29] dans les années 60. L'utilisation des charges à l'échelle nanométrique, ou nanocharges, présente un avantage considérable. L'incorporation de ces additifs améliore les propriétés au feu des matériaux avec une dispersion nanométrique qui est supposée épargner les propriétés mécaniques du produit final [30].

Dans le milieu des années 90, Kashiwagi *et al.* [31] ont synthétisé un nanocomposite à base de polyamide 6 (PA-6) et de montmorillonite (MMT) à hauteur de 5 % en masse. Sous un flux de chaleur de 50 kW/m², le matériau développé montre une réduction de 68 % dans le PRHR et ce comparé au PA-6 vierge. Gilman [32] a également obtenu de bons résultats au feu en ajoutant de la MMT dans différentes matrices polymères (polyamide 6, polyamide 12, polypropylène). La littérature montre que les silicates lamellaires (argiles) pourraient également représenter de très bons candidats pour l'ignifugation des polymères [33-34].

L'utilisation des nanotubes de carbone multi feuillets (multi walled carbon nanotubes, MWNT) pour des fins d'ignifugation a été investiguée par Kashiwagi *et al.* [35-36]. Les auteurs ont observé une amélioration de la stabilité thermique du polypropylène et une amélioration de sa réaction au feu avec seulement 2 % en masse de MWNT. Gao *et al.* [37] ont évalué les propriétés ignifugeantes des nanotubes de carbone dans l'éthylène-acétate de vinyle (EVA) et ont découvert que le mélange argile/nanotubes améliore l'état de la structure charbonnée en réduisant les fissures limitant ainsi la dégradation du matériau recouvert (**Fig. 4**). Bourbigot *et al.* [38] ont démontré qu'une meilleure dispersion des nanocharges donnait de meilleurs résultats relatifs aux performances au feu des matériaux en comparant les masses résiduelles après la combustion de polystyrène/MWNT et de polystyrène/MWNT fonctionnalisés. Les effets de la dispersion des nanotubes de carbone ont été également étudiés par Kashiwagi *et al.* [39].

Fig 4. Résidus de l'EVA ignifugé après les caractérisations au cône [37]
(A) EVA/argile ; (B) EVA/MWNT/argile ; (C) EVA/MWNT

D'autres nanoparticules telles que les hydroxydes double-lamellaires [40,41,42] montrent aussi de bonnes propriétés au feu quand elles sont incorporées dans des matrices polymères comme l'époxy ou le poly (méthacrylate de méthyle) (PMMA). Le PMMA présente un meilleur comportement au feu à l'ajout de nanoparticules telles que les oxydes de fer ou de titane (Fe_2O_3 et TiO_2) [43]. Les auteurs ont comparé les propriétés au feu des même charges mais à des tailles différentes (micrométrique et nanométrique) et ont mis en évidence l'importance de la granulométrie des additifs (**Fig. 5**).

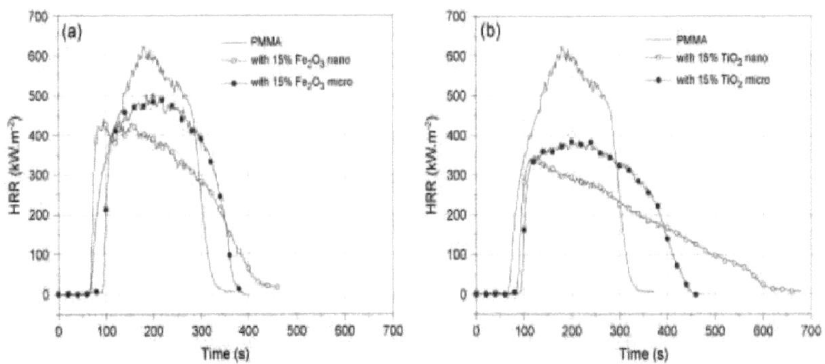

Fig 5.   Influence de la taille des particules sur le comportement au feu du PMMA [43] (a) PMMA/Fe_2O_3 ; (b) PMMA/TiO_2

Jang *et al.* [44] ont comparé l'influence d'une même nanocharge (argile) sur la baisse des PRHR de différents polymères. Ils ont mis en évidence que la réduction peut varier selon le polymère utilisé et son mode de décomposition. L'importance d'un choix judicieux d'une nanocharge a été donc confirmée par cette étude comparative.

La famille des charges *Polyhedral Oligomeric Silsesquioxanes* (POSS), distinctes par leur architecture tridimensionnelle, suscite un intérêt croissant dans le domaine de l'ignifugation. Ces molécules hybrides sont composées d'un noyau inorganique ($SiO_{1.5}$) et de groupements environnants qui offrent un large choix de fonctionnalisation (**Fig. 6**, [45]). Ce dernier paramètre est d'une importance capitale lorsqu'une stabilité thermique [46] ou un niveau de dispersion (relié aux affinités avec la matrice polymère [47]) sont recherchés.

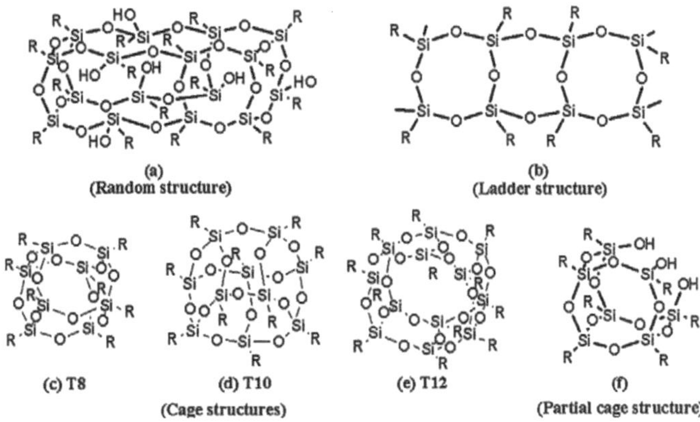

Fig 6.   Différentes structures POSS

Lichtenham *et al.* [48] ont revendiqué l'intérêt d'utiliser des POSS comme agents retardateurs de flamme dans différents matériaux polymères (polypropylène, Kraton[®], Pebax[®]). Les auteurs présentent des réductions du pic RHR atteignant 70 %, et ce sans augmentation de fumées ni dégagement de monoxyde de carbone lors de la combustion. La présence des nanocharges conduit à une meilleure protection des matériaux avec des masses résiduelles élevées ainsi qu'un classement UL-94 amélioré où l'effet de gouttage (dripping) des polymères chargés est réduit grâce à une viscosité augmentée à l'état fondu. Des analyses thermogravimétriques menées sur des nanocomposites PP/POSS à des taux variant de 3 à 10 % en masse ont montré une stabilité thermique plus élevée de la matrice en présence des nanocharges silicatées [49,50]. Selon Zhou *et al.* [51], l'ajout d'un epoxycyclohexyl-POSS jusqu'à 2 % en masse dans du poly (butylène téréphtalate) (PBT) augmente la viscosité intrinsèque du polymère, améliore sa stabilité thermique et baisse le nombre de ses chaines carboxyliques. Le POSS choisi agit donc comme un allongeur de chaînes.

Pour des applications feu, Fina *et al.* [52] ont caractérisé au cône calorimètre des matrices PP chargées en POSS fonctionnalisés avec différents métaux. Les travaux ont démontré que la présence des nanocharges silicatées favorise le développement de couches résiduelles après la combustion alors que le PP vierge ne forme aucun résidu (**Fig. 7**). L'étude prouve également que le métal utilisé joue un rôle important sur le temps d'ignition et le PRHR du matériau.

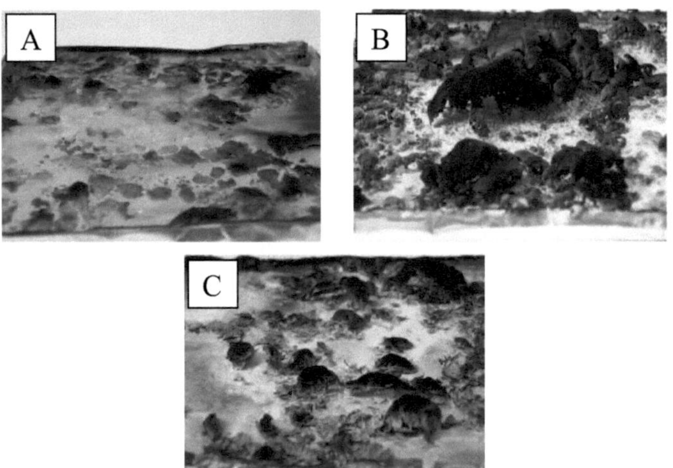

Fig 7. Résidus des différents PP/POSS après les caractérisations au cône [52]
(A) PP/*Octaisobutyl*-POSS ; (B) PP/*Aluminium*-POSS ; (C) PP/*Zinc*-POSS

Glodek *et al.* [53] ont incorporé différents POSS dans une résine vinyl-ester à la recherche de bonnes performances au feu couplées à un faible impact environnemental. Bourbigot *et al.* [54] ont investigué le comportement au feu du polyuréthane thermoplastique avec un polyvinyl-POSS. A 10 % en masse, les charges abaissent de 80 % le PRHR du matériau lors de sa combustion sous un flux de chaleur au cône calorimètre à 35 kW/m².

Parmi les nanocharges présentées, notre choix s'est porté sur les POSS pour des raisons évidentes d'efficacité reflétées dans la littérature. Cependant, ces additifs ont un coût élevé et sont souvent employés comme synergistes afin de réduire leur teneur tout en obtenant de meilleures propriétés ignifugeantes. Pour preuve certains travaux, qui seront détaillés ultérieurement, établissent des effets de synergie entre phosphinates métalliques et POSS.

I.2- Les polymères chimiquement modifiés

L'ignifugation peut être accomplie lors de la synthèse des matériaux polymères en y incorporant, par copolymérisation ou greffage, des molécules avec des propriétés retard au feu. L'association des agents FR n'est pas physique comme dans la majorité des mélanges préparés en voie fondue, mais chimique. A noter que lorsque le greffage de certaines charges est obtenu par voie fondue, l'extrusion est dite réactive. L'un des points positifs majeurs de la modification chimique est qu'elle évite les altérations des propriétés physiques et mécaniques du polymère fonctionnalisé. En effet, les taux de FR utilisés sont relativement faibles et le choix des monomères fonctionnels peut se faire de telle sorte qu'ils aient une affinité optimale avec le polymère à ignifuger.

Wilkie et son équipe ont longuement étudié l'amélioration des propriétés au feu du PMMA par modifications chimiques [55]. Dans d'autres études, des copolyesters avec un bon comportement face au feu (indice limite d'oxygène élevé, effet de gouttage maitrisé etc...) ont été élaborés avec des composés phosphorés, du triaryl phosphine oxyde [56] ou de l'acide phenylphosphinique [57]. Une étude de deux copolyesters contenant le même additif phosphoré a révélé que la disposition de la molécule FR sur la chaine moléculaire affecte la dégradation thermique du copolymère. Sous air, l'énergie d'activation lors de la décomposition est plus faible pour un copolyester avec le composé phosphoré sur les ramifications que pour celui avec l'additif greffé au milieu des chaines (**Fig. 8**) [58,59].

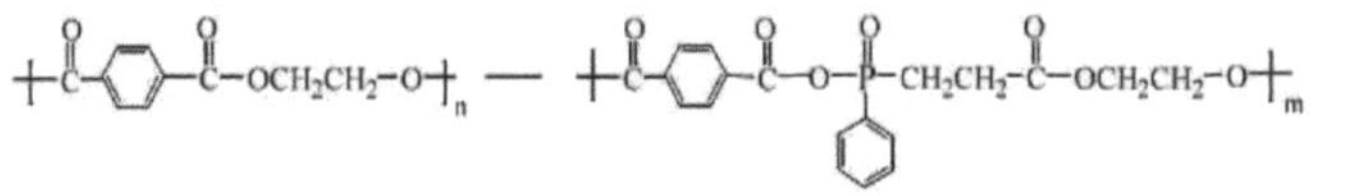

Scheme 1. PET-co-CEPP.

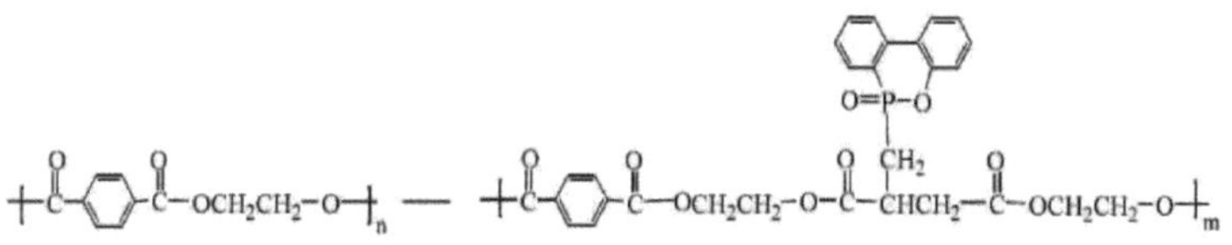

Scheme 2. PET-co-DDP.

Fig 8.   Différents emplacements de la molécule FR [58]

Plus récemment, un nanocomposite comprenant du PET et du phosphate α-zirconium à 1 % en masse a été synthétisé [60]. Le mélange montre une bonne dispersion et une viscosité à chaud élevée et ce à des températures approchant celle de l'ignition, ce qui réduit considérablement le phénomène de gouttage (V-0 au test UL-94) et améliore l'effet charbonnant du PET. Les auteurs supposent que le métal dans la nanocharge utilisée catalyse la réaction de graphitisation lors de la formation du char. Les propriétés au feu du même thermoplastique ont été étudiées en présence de boehmite à l'échelle nanométrique (minéral de formule AlOOH) [61], 4 % en masse seulement de la nanocharge ont permis une augmentation de l'indice limite d'oxygène. La caractérisation au cône sous un flux de chaleur de 50 kW/m² a révélée que la boehmite réduit le PRHR du matériau et agit en tant que suppresseur de fumées.

Concernant les charges silicatées (POSS) choisies pour ce projet, plusieurs études ont traité de leur greffage sur les chaines macromoléculaires des matériaux thermoplastiques. A cet effet, Zheng *et al.* [62] ont associé par copolymérisation des POSS et des styrènes. Le matériau obtenu montre une meilleure stabilité thermique face aux dégradations thermo-oxydatives et pyrolytiques. Les mêmes conclusions ont été présentées suite à la synthèse de POSS et du poly (vinyl cinnamate) [63]. Aussi, il a été observé que la copolymérisation des POSS dans du polyimide confère au matériau synthétisé de meilleures propriétés thermiques et mécaniques [64]. La modification chimique des matériaux polymères avec des POSS a fait l'objet de plusieurs autres études [65,66,67] qui confirment l'intérêt d'utiliser ces matériaux hybrides organiques/inorganiques pour améliorer les propriétés physiques du matériau final ainsi que pour des applications retard au feu.

Les nombreuses communications où la synthèse des polymères ignifugés est abordée reflètent l'intérêt que porte la communauté scientifique à ce procédé. Cependant, cette méthode est coûteuse et nécessite une main d'œuvre hautement qualifiée. Ces deux aspects compliquent le passage à l'échelle industrielle et très peu de formulations sont commercialisées. Parmi ces dernières, le PET synthétisé avec de l'acide carboxyphosphonique, plus connu sous son nom commercial Trevira CS®, s'est démarqué du lot des polymères fonctionnalisés et a rencontré un franc succès dans le domaine des matériaux fibreux ignifuges. Ce polyester sera commenté davantage dans la partie consacrée aux textiles.

I.3- Les polymères à hautes performances

Les polymères dits à hautes performances se distinguent des polymères conventionnels par d'excellentes propriétés physiques et chimiques. Ces caractéristiques leur sont généralement conférées par l'architecture et la composition chimique de leurs chaines macromoléculaires. Certains des polymères de cette catégorie sont naturellement résistants à la chaleur et aux flammes (**Tab 1**).

Les polymères à cristaux liquides (LCP) tels que les aramides (Kevlar®, Twaron®, Nomex®) ou les polyesters aromatiques (Vectra®) sont largement utilisés dans le domaine des EPI (Equipements de Protection Individuelle) pour leurs performances mécaniques et thermiques. Les polymères *para*-aramides sont connus pour leur sensibilité aux phénomènes d'oxydation, mais ils montrent une bonne résistance à la pyrolyse (dégradation thermique sous atmosphère inerte) pouvant s'élever à 450°C [68]. Les polymères *meta*-aramides ont des applications ciblées davantage sur la protection au feu et montrent également une bonne stabilité thermique comparés aux polymères conventionnels [69]. Les polyesters complètement aromatiques [70] sont produits sous différentes formes telles que des résines ou des filaments. Ces matériaux décrivent une bonne résistance aux températures élevées et aux flammes (LOI du Vectra® : 28 %) avec de faibles émissions de fumées. Bien que les aramides ou les polyesters aromatiques constituent de bons matériaux naturellement ignifuges, ils présentent une sensibilité élevée aux UV qui les discriminent dans diverses applications nécessitant une exposition au soleil (*e.g.* domaine ferroviaire).

L'étude de l'inflammabilité et les dégradations thermiques du poly (éther-éther-cétone) (PEEK) [71] a montré que le matériau ne se dégrade qu'aux alentours des 550°C sous air et 570°C sous azote, des températures de dégradation bien plus élevées que la plupart des polymères. Le PEEK montre d'excellentes propriétés au feu avec un LOI de 37,3 % et une classification V-0 au test UL-94. Ces résultats sont dus au caractère auto-extinguible du matériau.

Le poly (sulfure de phénylène) (PPS) et le poly (aryl-éther-sulfone) (PES) [72,73] font partie des polymères thermostables avec des températures de dégradation élevées, respectivement de 430 et 500°C. Williams e*t al.* [74] ont comparé les propriétés thermiques et au feu de différentes mousses polyimides (PI) et ont montré que la densité des matériaux n'a pas d'effets considérables sur leur stabilité thermique. Par contre, le changement de structures influence les propriétés au feu des mousses caractérisées.

Les polymères polybenzobisoxazole (PBO) et polybenzobisthiazole (PBZT), avec des motifs de répétition sensiblement proches, ont d'excellentes propriétés mécaniques, thermiques et au feu. Wolfe *et al.* [75,76] ont relié ces performances à la stabilité des liaisons C-O ou C-S.

Le poly (tétra-fluoro-éthylène) (PTFE), est également un polymère qui possède de bonnes propriétés thermiques [77]. Cependant, compte tenu de ses propriétés mécaniques médiocres et de son coût élevé, le PTFE est généralement combiné en tant que revêtement à un autre matériau.

Polymère	Abréviation	Réf
Poly (p-phénylène-téréphtalamide)	*para*-aramide	[68]
Poly (m-phénylène-isophtalamide)	*meta*-aramide	[69]
Polyesters aromatiques		[70]
Poly (éther-éther-cétone)	PEEK	[71]
Poly (sulfure de phénylène)	PPS	[72]
Poly (aryl-éther-sulfone)	PES	[73]
Polyimides	PI	[74]
Poly (p-phénylène-2,6-benzobisoxazole)	PBO	[75]
Poly (p-phénylène-2,6-benzobisthiazole)	PBZT	[76]
Poly (tétra-fluoro-éthylène)	PTFE	[77]

Tab 1. Liste non exhaustive de polymères thermostables et/ou résistants au feu

Sur les matériaux présentés, nous observons peu de sections aliphatiques sur les chaines, mais plutôt des segments aromatiques. Ces dernières montrent des cohésions élevées qui améliorent la résistance de ces polymères aux hautes températures. Le cas particulier du PTFE dont la composition est complètement aliphatique, tire sa stabilité thermique élevée de son caractère inerte. Bien que ces polymères constituent des solutions techniques pour la protection au feu, ils n'en restent pas moins des matériaux difficiles à mettre en œuvre et coûteux.

Dans la classe des polymères intrinsèquement résistants au feu, nous pouvons inclure les polymères inorganiques telles que les fibres de verre ou les géopolymères (**Fig. 9**). Lyon *et al.* [78] ont élaboré des composites à base de fibres de carbone et de résine géopolymère (aluminosilicate de potassium) ; l'association des deux matériaux a conduit à de très bons résultats lors des caractérisations au cône calorimètre sous un flux de chaleur de 50 kW/m². Le composite ne prend pas feu, le pic de débit calorifique est donc nul ainsi que la quantité de chaleur dégagée. A noter que le caractère inorganique du matériau lui confère une excellente stabilité chimique.

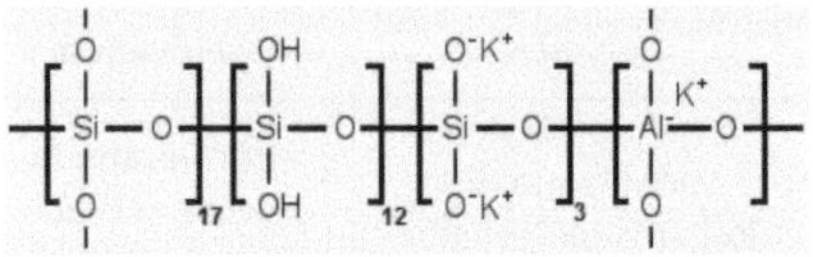

Fig 9.   Motif de répétition de l'aluminosilicate de potassium [78]

I.4- L'ignifugation des matériaux fibreux

Qu'ils soient des textiles d'habillement, d'ameublement ou de recouvrement, l'utilisation des matériaux fibreux est indispensable dans le quotidien de l'homme. Cependant, leur nature inflammable fait d'eux des matériaux potentiellement dangereux avec un risque non négligeable pour les utilisateurs. Il est donc crucial que des solutions soient développées pour les matériaux sous forme fibreuse.

Trois grandes familles de polymères sont utilisées pour la production de textiles :

- les polymères naturels de nature végétale (polymères cellulosiques tels que le coton) ou de nature animale (polymères protéiniques tels que la laine)
- les polymères synthétiques, dérivés du pétrole et entièrement conçus par l'homme
- les polymères artificiels obtenus par modifications chimiques de matières naturelles

Afin de conférer des propriétés ignifuges aux matériaux sous forme textile, plusieurs méthodes peuvent être adoptées. Ces méthodes dépendent étroitement de la nature de la matière première utilisée. Dans cette partie, nous allons passer en revue les différents procédés reportés dans la littérature et qui traitent de l'amélioration des propriétés au feu des matériaux fibreux.

I.4.1-   Elaboration de filaments ignifugés

La conception de filaments ignifugés concerne exclusivement les matériaux polymères synthétiques. Les polymères chargés en additifs FR, les polymères chimiquement modifiés ou les polymères à hautes performances (présentés précédemment) peuvent être transformés en filaments.

a. Les polymères chargés en additifs FR

Une fois que les produits ignifugeants sont introduits dans la matrice polymère par extrusion, le matériau FR est mis en œuvre par filage en voie fondue. Ainsi, Bourbigot *et al.* [79] ont développé des multifilaments à base de polyamide 6 (PA-6) et de Cloisite®30B à hauteur de 5 % en masse. Les étoffes textiles produites à partir des multifilaments chargés montrent, sous un flux de chaleur de 50 kW/m^2, une réduction de 40 % dans le PRHR comparé au textile en PA-6 vierge. Les mêmes additifs ont été étudiés par Solarski *et al.* [80] dans une matrice polylactide. Avec 4 % en masse de Cloisite®30B, les auteurs ont observé une meilleure réaction au feu de la structure tricotée. Plus récemment, Vargas *et al.* [81] ont amélioré les performances au feu de multifilaments en polypropylène en y incorporant 0,75 % en masse de sépiolite. Les textiles ont montré des baisses de PRHR et de THE en comparaison au textile de référence (100 % en polypropylène). Par ailleurs, l'ignifugation de ce thermoplastique a été largement commentée dans la littérature [82].

b. Les polymères naturellement résistants au feu

Cette catégorie comprend les fibres à base de polymères chimiquement modifiés lors de leur synthèse et les fibres issues de polymères à hautes performances. Parmi les polymères ignifugés par copolymérisation et sous forme fibreuse, le Trevira CS® montre de très bonnes performances au feu [83,84]. Cependant, les textiles à base de Trevira ont tendance à fuir la flamme en se décomposant. Ils ne forment donc pas de résidus suite à leur combustion, or les résidus agissent comme une couche protectrice du matériau recouvert ce qui éviterait sa dégradation. Ce dernier ne serait alors pas impliqué dans le cycle du feu.

Le étoffes textiles sont connues pour leur effet de gouttage qui augmente le risque de la propagation des flammes dans un scénario de feu [85]. Pour palier à cette lacune, Chen *et al.* [86] ont développé des textiles à base de PET copolymérisé avec un retardateur de flammes phosphoré. Le matériau montre une bonne résistance au feu (*e.g.* effet de gouttage maitrisé) dès lors que 8,7 % de produit FR sont synthétisés dans les chaines macromoléculaires du PET.

Développer des textiles à partir de fibres à hautes performances est un moyen fiable pour obtenir une excellente résistance au feu. Plusieurs communications ont passé en revue les fibres commercialisées dont les propriétés au feu sont largement supérieures aux fibres thermoplastiques conventionnelles (**Tab 2**) [87,88,89]. Dans le tableau ci-dessous, les LOI élevés reflètent la faible inflammabilité et le caractère auto-extinguible des fibres. Des étoffes mises en œuvre à partir de ces matériaux limiteraient considérablement la diffusion de la flamme ce qui est crucial lors des combustions dans des endroits publics clos.

Polymère	Abréviation	Indice limite d'oxygène (LOI %)
Poly (p-phénylène-téréphtalamide)	*para*-aramide	25-28
Poly (m-phénylène-isophtalamide)	*meta*-aramide	30
Poly (amide-imide)	PAI	30-32
Polyimides	PI	38
Poly (éther-éther-cétone)	PEEK	35
Poly (sulfure de phénylène)	PPS	34
Polyarylate		37
Poly (mélamine-*co*-formaldéhyde)		32
Poly (phénylène-benzobisoxazole)	PBO	68
Poly (benzimidazole)	PBI	41
Poly (tétra-fluoro-éthylène)	PTFE	95

Tab 2. Liste non exhaustive des fibres résistantes à la chaleur et aux flammes [87,88]

Bourbigot *et al.* ont étudié les dégradations thermiques [90] et les réactions au feu [91] de structures tricotées à base de fibres Zylon® et Kevlar®. Les textiles en Zylon® montrent de meilleures stabilité thermique et réaction au feu que ceux en Kevlar® avec des PRHR plus bas (150 contre 430 kW/m² sous un flux de chaleur au cône de 75 kW/m²). Le dégagement de fumées est également plus bas pour les textiles en Zylon®.

Malgré l'efficacité des fibres naturellement résistantes au feu, des freins techniques (complexité de production) ou économiques (prix élevés) limitent leur utilisation dans certains domaines. Aussi, certaines d'entre elles résistent peu aux radiations ultraviolettes. Une des solutions les plus répandues pour cet obstacle est l'association de fibres, le mélange de matériaux permet de combiner leurs caractéristiques physiques et, dans certains cas, de baisser le coût du produit final.

I.4.2-   Association de fibres

L'association de fibres de différentes natures peut être envisagée pour améliorer les propriétés au feu des textiles. Dans cette optique, Garvey *et al.* [92] ont étudié deux mélanges de fibres à base de modacrylique/Visil® et de laine/Visil® (le Visil® étant une fibre cellulosique FR). Les auteurs ont montré que, à des taux de mélanges équivalents, le LOI varie selon le mode de fabrication des fibres. Ils ont également mis en évidence l'influence du type de contexture tricotée sur les propriétés au feu des matériaux. Les propriétés structurelles et physiques des textiles ont donc une importance considérable sur leur comportement au feu. Plus récemment, Flambard *et al.* [93,94] ont développé des fils hybrides (**Fig. 10**) avec un fil d'âme en *para*-aramide et des fibrilles de laine en peau. Cette couverture permet de protéger le *para*-aramide des agressions extérieures et essentiellement des UV. En termes de performances au feu, les auteurs ont observé de meilleurs résultats au cône avec des textiles à base de fils hybrides en comparaison avec des textiles à base de *para*-aramide ou de laine seuls. Selon les auteurs, la présence de la laine limite la dégradation thermo-oxydative du *para*-aramide ainsi que sa décomposition par pyrolyse. Des études similaires [95] sur des fibres composées de mélanges PBO/laine ou Tech/laine (Tech : *co*-phénylène-oxi-di phénylène-téréphtalamide) n'ont pas entraîné des résultats aussi bons que les mélanges *para*-aramide/laine.

Fig 10.   Fil hybride (laine/*para*-aramide) [94]

La réaction au feu de mélanges composés de fibres naturelles et synthétiques est également largement étudiée dans la littérature. Cependant, les textiles développés ne montrent pas de bonnes propriétés feu et nécessitent un traitement ignifugeant. Les diverses méthodes appliquées font l'objet de la partie suivante.

I.4.3-   Traitements textiles

Les traitements présentés ci-dessous sont exclusivement appliqués sur les surfaces des structures fibreuses. L'avantage majeur de ce procédé est qu'il préserve les propriétés mécaniques du matériau, et que sa mise en œuvre est relativement simple avec un moindre coût comparé aux autres méthodes d'ignifugation. Néanmoins, les traitements sont généralement peu résistants aux frottements et aux lavages ou aux agressions climatiques et détériorent, dans certains cas, les propriétés sensorielles de l'étoffe (*e.g.* rugosité).

a. Enduction

L'enduction consiste à déposer un film fin (~ 1,5 mm) d'une résine chargée en additifs FR sur le textile. La réticulation de la résine sous l'action de la chaleur assure son adhésion à la structure fibreuse. Devaux *et al.* [96] ont ajouté des nanoparticules POSS dans une enduction à base de polyuréthane (PU) et l'ont appliqué sur un textile en PET. Les auteurs ont observé une amélioration des propriétés au feu du textile enduit avec une baisse importante du pic de débit calorifique (une réduction de plus de 50 % sous un flux de chaleur de 35 kW/m²). Drevelle *et al.* [97] ont étudié la réaction au feu de textiles composés de mélanges coton/Trevira CS® et enduits avec une résine acrylique ignifugée. Le matériau montre un indice limite d'oxygène élevé en présence de 15 % en masse de polyphosphate d'ammonium. Une synthèse dernièrement communiquée par Weil [98] regroupe les nombreuses études concernant les enductions ignifugées qui ont été publiées.

b. Apprêts divers

Nous entendons par apprêt tout traitement qui modifie, physiquement ou chimiquement, la surface de la fibre ou du textile. Par ailleurs, c'est ainsi que les fibres naturelles sont ignifugées étant donné la complexité de leur structure chimique qui les rend difficiles à transformer (*e.g.* copolymérisation). Pour le cas des fibres de coton [99], les sels tels que le polyphosphate d'ammonium ou le phosphate diammonique peuvent être utilisés mais ne sont pas durables à cause de leur faible résistance aux frottements et leur caractère parfois hydrosolubles. Pour améliorer la résistance aux lavages des traitements FR, les fibres peuvent également être traitées par des agents FR réactifs. Ces procédés sont bien reconnus et plusieurs formulations ignifugeantes qui y sont dédiées sont commercialisées. Malgré cela, les techniques d'ignifugation par apprêt ne cessent d'émerger telles que la microencapsulation [100], le greffage photo-induit [101] ou le procédé sol-gel [102].

II-Les mécanismes de protection des systèmes retard au feu

La dégradation thermique des matériaux polymères génère des produits volatils et combustibles dont des radicaux libres. Ces composés réagissent avec l'oxygène présent dans l'atmosphère suivant une série de réactions hautement exothermiques communément appelée combustion (Eqs. 1, 2 et 3). La présence des agents retardateurs de flammes a pour but de perturber le processus de combustion et isoler l'un des trois éléments du triangle du feu (le combustible, le comburant ou la source de chaleur). Les mécanismes d'ignifugation dépendent des additifs FR utilisés. Ainsi, la déstabilisation du processus peut se produire à différentes étapes : lors de la décomposition de la matrice polymère, de son ignition ou pendant sa combustion. Les réactions de protection sont complexes et peuvent agir simultanément, mais l'une d'elle est généralement prédominante pour chaque système ignifugeant. Dans cette partie, les trois mécanismes principaux seront présentés : le mécanisme en phase condensée, en phase gaz, et le mécanisme physico-chimique (intumescence). A noter que les matériaux polymères naturellement résistants au feu ne seront pas évoqués en raison de leur caractère ignifuge inhérent.

$$H^{\bullet} + O_2 \rightleftharpoons OH^{\bullet} + O^{\bullet} \qquad \text{Eq. 1}$$

$$O^{\bullet} + H_2 \rightleftharpoons OH^{\bullet} + H^{\bullet} \qquad \text{Eq. 2}$$

$$OH^{\bullet} + CO \rightleftharpoons CO_2 + H^{\bullet} \qquad \text{Eq. 3}$$

II.1- Mécanisme en phase condensée

Un additif ignifugeant agissant en phase condensée modifie la pyrolyse du polymère et deux réactions majeures, décrites ci-dessous, peuvent se dérouler. Ces modes d'action sont généralement obtenus avec des additifs phosphorés dont l'efficacité dépend étroitement de la nature du polymère à ignifuger [103].

- La présence de l'agent FR accélère la scission des chaines macromoléculaires du polymère, et ce à des températures plus basses que celle de l'ignition. Cette dégradation anticipée permet d'exclure les gaz combustibles préalablement largués du processus de combustion.
- La présence de l'agent FR favorise la formation d'une couche carbonée à la surface du matériau qui réduit considérablement la quantité de gaz combustibles dégagée. Cette couche limite également la dégradation thermique du substrat. Dans ce cas de figure, l'isolation du combustible rompt le cycle du triangle du feu.

Le premier mode (la dégradation anticipée) est facilement mis en évidence par des analyses thermogravimétriques (**Fig. 11**). Dans cet exemple, le poly (acrylonitrile-butadiène-styrène) vierge, noté *neat ABS*, entame sa dégradation thermo-oxydative aux alentours de 400°C alors que ses dérivés contenant des monomères phosphorés se dégradent antérieurement.

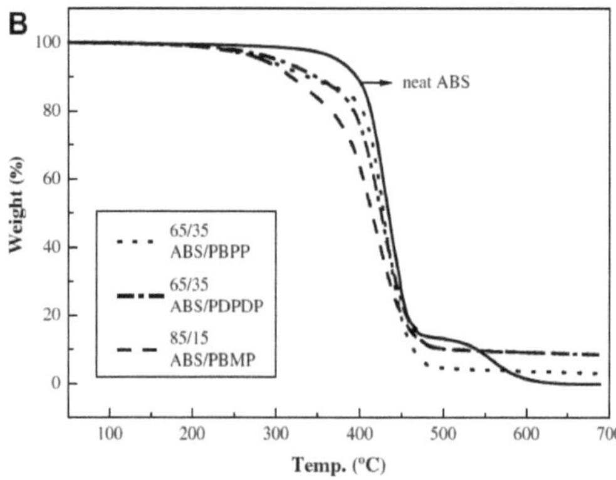

Fig 11. Dégradation thermique anticipée de l'ABS en présence de monomères phosphorés (atmosphère : air ; cinétique de chauffe : 10°C/min) [104]

Concernant le deuxième mode d'action, l'efficacité du phosphore est meilleure lorsque le polymère à ignifuger tend naturellement à se déshydrater et à former une couche carbonée sous l'action de la chaleur. L'intérêt de la déshydratation est double : les molécules H_2O produites refroidissent le système et diluent la phase gaz étant donné leur caractère non réactif lors des réactions radicalaires. La formation de la couche carbonée quant à elle, protège le matériau des agressions thermiques et limite la quantité de matière brûlée. Le développement de cette couche est favorisé lorsque la quantité d'oxygène contenue dans le polymère est élevée. A titre d'exemple, 2 % de phosphore suffisent à avoir de bonnes propriétés au feu avec les matériaux cellulosiques alors que 5 à 15 % sont nécessaires pour les polyoléfines. C'est pour cette raison que les retardateurs de flammes phosphorés sont élaborés avec différents degrés d'oxydation (**Fig. 12**).

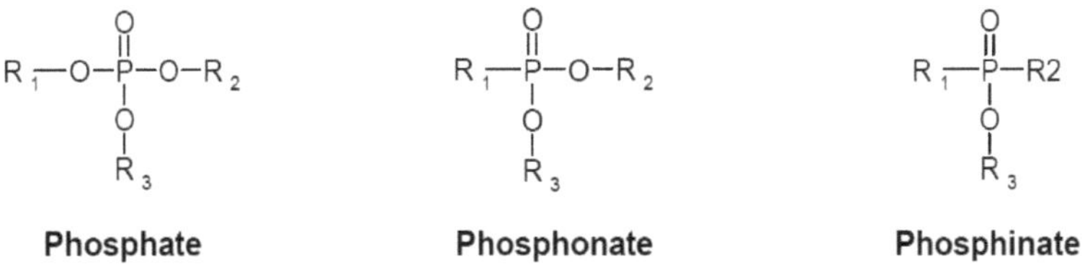

Fig 12.   Principaux retardateurs de flammes phosphorés [105]

Le pouvoir ignifugeant du phosphore est optimisé en présence de produits azotés et la synergie phosphore-azote (notée P-N) a fait l'objet de plusieurs études. Ainsi, Levchik *et al.* [19] ont observé que la présence d'oxynitrides phosphorés $(PON)_m$ dans du poly (butylène téréphtalate) améliorait le développement de résidus solides lors de la décomposition thermique du matériau. Les mêmes constatations ont été faites par Gao *et al.* [20] pour du PBT contenant un retardateur de flammes combinant les éléments phosphore et azote. Deo *et al.* [106] ont développé des fibres PET ignifugées par copolymérisation et ont observé de meilleures propriétés au feu associées à la synergie P-N. D'autres combinaisons telles que des mélanges de produits phosphorés et halogénés ont montré de bons résultats en tant qu'additifs FR, mais le caractère potentiellement toxique des éléments bromés ou chlorés empêche leur utilisation.

Dans le cas particulier des matrices polymères de poly (éthylène téréphtalate), plusieurs études on montré que l'incorporation d'additifs phosphorés confère aux matériaux développés une meilleure résistance au feu en phase condensée [107,108]. Cela est probablement dû à une réticulation catalysée par les acides du thermoplastique [103], la réticulation étant une étape qui promeut la formation de la couche carbonée.

Le mécanisme en phase condensée est d'autant plus intéressant lorsqu'il s'agit d'ignifuger les matériaux fibreux synthétiques. Ces derniers sont connus pour leur effet de gouttage et certaines études ont proposé des solutions pour limiter cette fluidité face à une source de chaleur [86,108]. Il a été ainsi démontré [23] que la combinaison du phosphore élémentaire (phosphore rouge) et de résines phénoliques forme un réseau réticulé lors de la combustion qui augmente la viscosité du matériau à chaud et qui, par conséquent, réduit la formation de gouttes enflammées.

Outre les additifs phosphorés, le mode d'action en phase solide peut être obtenu avec des charges à base d'azote telles que la mélamine [109] ou à base d'éléments inorganiques tels que le bore [110,111] et le silicium [112]. Les nanocharges (montmorillonite, nanotubes de carbone, POSS) agissent également en phase condensée. Leur présence réduit l'inflammabilité du polymère en ralentissant sa pyrolyse ; il y a donc moins d'éléments combustibles en jeu lors de la combustion ce qui baisse le débit calorifique de la flamme. Cette perturbation de la pyrolyse du polymère est due à la formation d'une barrière inorganique protectrice qui limite la perte de masse [113]. L'observation des résidus de nanocomposites PP/POSS après les caractérisations au cône calorimètre conforte cette théorie (**Fig. 7**, [52]).

II.2- Mécanisme en phase gaz

Un additif ignifugeant agissant en phase gaz perturbe la combustion du système en la ralentissent ou en la stoppant. Les réactions radicalaires sont alors inhibées et moins de chaleur est rétrocédée au système qui refroidit et génère moins de gaz combustibles. Ce cercle vertueux s'attaque donc à la source de chaleur et rompt ainsi le triangle du feu. Parmi les retardateurs de flammes dont le mécanisme est essentiellement en phase gaz, nous pouvons citer les composés halogénés, les hydroxydes métalliques et certains composés azotés.

Les dérivés halogénés, généralement les bromés ou les chlorés, sont connus pour leur efficacité en tant qu'additifs FR. Sous une source de chaleur, l'additif FR se dégrade et dégage des radicaux halogénés qui ont un effet double dans la sphère de combustion : ils diluent la phase gaz en diminuant la concentration des produits combustibles et en piégeant les radicaux les plus énergétiques présents dans la flamme. Ce mode d'action a été décrit par Lewin *et al.* [103] suivant les réactions ci-dessous. D'après les auteurs, l'effet inhibant se produit en premier lieu, soit par la libération d'un atome d'halogène si la molécule FR ne contient pas d'hydrogène, sinon par la libération d'un halogénure d'hydrogène :

$$MX \rightleftharpoons M^{\bullet} + X^{\bullet} \qquad\qquad \text{Eq. 4}$$

$$MX \rightleftharpoons HX + M^{\bullet} \qquad\qquad \text{Eq. 5}$$

Avec M le reste de la molécule FR. L'atome d'halogène réagit alors avec le combustible produisant un halogénure d'hydrogène :

$$RH \rightleftharpoons HX + R^{\bullet} \qquad\qquad \text{Eq. 6}$$

Les halogénures d'hydrogène sont présumés être les inhibiteurs de flamme en réagissant avec les radicaux hydrogène ou hydroxydes :

$$H^{\bullet} + HX \rightleftharpoons H_2 + X^{\bullet} \qquad\qquad \text{Eq. 7}$$

$$OH^{\bullet} + HX \rightleftharpoons H_2O + X^{\bullet} \qquad\qquad \text{Eq. 8}$$

Les radicaux hydrogène et hydroxyde, très énergétiques, sont ainsi piégés suite à cette succession d'étapes. La combustion est considérablement réduite jusqu'à l'extinction de la flamme. Plusieurs FR halogénés très performants ont donc été commercialisés, qu'ils soient seuls (*e.g.* hexabromocyclododécane, HBCD) ou en association avec un autre élément tel que le phosphore (*e.g.* Tris (2,3-dibromopropyl) phosphate, TRIS). Cependant, les deux produits cités ont été retirés du marché suite à la parution d'études scientifiques prouvant leur toxicité, leur faible biodégradabilité et même leur caractère cancérigène [114]

Les hydroxydes métalliques constituent une grande famille de retardateurs de flammes agissant en phase gaz. Les additifs les plus communément utilisés sont les hydroxydes d'aluminium (ATH) et les hydroxydes de magnésium (MDH). La décomposition de ce type d'additifs engendre des molécules H_2O qui diluent les gaz combustibles ; cette déshydratation endothermique a également pour effet de refroidir le matériau et de retarder l'ignition (Eqs. 9 et 10).

$$2Al(OH)_3 \xrightarrow{\ 200^\circ C\ } 3H_2O + Al_2O \qquad \text{Eq. 9}$$

$$Mg(OH)_2 \xrightarrow{\ 300^\circ C\ } H_2O + MgO \qquad \text{Eq. 10}$$

A noter que les réactions de décomposition génèrent des produits inorganiques qui participent à la protection du matériau ignifugé en phase condensée avec la formation d'une barrière protectrice à base d'oxydes métalliques.

Ces additifs présentent un avantage certain en terme de performance au feu mais leurs températures de mise en œuvre relativement basses (pas plus de 200°C) et leurs taux de charge élevés (~ 50 % en masse) limitent leur utilisation dans plusieurs domaines d'application.

Les composés azotés sont principalement à base de mélamine (**Fig. 2**), cette molécule peut être utilisée seule ou en combinaison avec d'autres agents ignifugeants. Son mode d'action est complexe et met en jeu plusieurs mécanismes : des réactions endothermiques, une dilution des combustibles par gaz inertes tels que l'ammoniaque ou l'azote, une inhibition des radicaux libres et même une action en phase condensée. Purser [115] évoque la potentielle toxicité des mélamines où les produits azotés organiques tendent à former des acides cyanhydriques lors d'un feu, ce qui présente un risque important d'asphyxie ou d'irritations pulmonaires.

II.3- Mécanisme physico-chimique : l'intumescence

Les systèmes intumescents se différencient des autres systèmes ignifugeants par leur mécanisme combinant à la fois des actions chimiques et physiques. Face à une source de chaleur, le matériau gonfle et forme une couche multicellulaire expansée que l'on appelle un « char ». Le char agit d'une part comme un bouclier thermique qui ralentit le transfert de chaleur, et d'autre part comme une barrière physique qui empêche le transfert de matière entre les phases gazeuse et condensée (**Fig. 13**). La dégradation de la matière est ainsi limitée ce qui perturbe le triangle du feu.

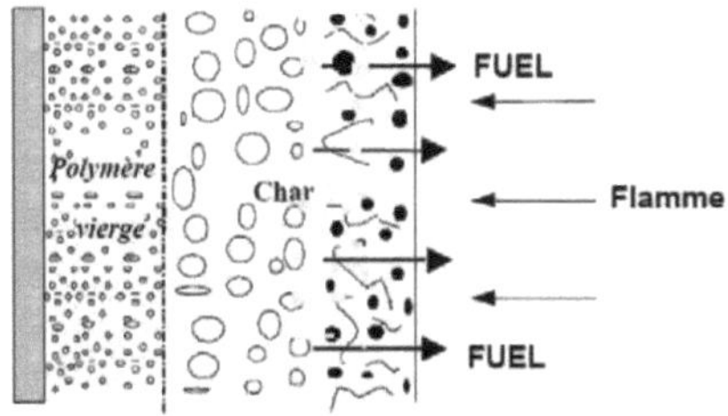

Fig 13.   Schéma d'une structure intumescente [116]

La chimie des formulations intumescentes établies comprend trois éléments : une source acide, une source de carbone et un agent gonflant. Des exemples typiques de composés utilisés dans des systèmes intumescents sont donnés dans le **Tableau 3**.

(a) Source acide	**(b) Source de carbone**
Acides	*Composés polyhydriques*
Phosphorique	Amidon
Sulfurique	Dextrine
Borique	Sorbitol, mannitol
	Pentaérythritol
Sels d'ammonium	
Phosphates, polyphosphates	*Autres*
Borates, polyborates	Polymères charbonisants
Sulfates	(Polyamide 6, polycarbonate,
Halogénures	polyuréthane)
Amines ou amides	**(c) Agent gonflant**
Phosphate de mélamine	Urée
Composés organophosphorés	Résines urée-formaldéhyde
Phosphate de tricrésyle, phosphate	Dicyandiamide
d'alkyle, phosphate d'haloalkyle	Mélamine

Tab 3.   Exemples de composés utilisés dans des systèmes intumescents [27,38]

Il est crucial que les températures de dégradation/activation des trois composés concordent pour que l'intumescence se produise et soit efficace. Les étapes qui suivent ont été proposées dans la littérature sur un système polypropylène (PP), polyphosphates d'ammonium (APP) et pentaérythritol (PER) [38], ce dernier conduisant au phénomène d'intumescence :

1- L'acide est libéré entre 150 et 250°C en fonction de sa source et des autres composés.

2- L'acide estérifie la source de carbone à des températures légèrement au-dessus de sa température de libération.

3- L'ensemble de la formulation fond avant ou pendant l'estérification.

4- Les esters se décomposent par déshydratation produisant un résidu contenant du carbone et des éléments inorganiques.

5- Le résidu se solidifie à la fin des réactions chimiques et le char est formé (**Fig. 14**).

Fig 14.   Char formé lors d'une combustion

Une étude de cas très intéressante a été menée par Bourbigot *et al.* [117] sur le mélange intumescent APP/PER afin de comprendre les réactions chimiques qui se produisent lors du développement du char. L'analyse des mélanges chauffés à différentes températures met en évidence la formation de plusieurs empilements polyaromatiques principalement liés par des ponts phosphohydrocarbonés. Plus la température augmente, plus les empilements s'élargissent et s'organisent pour donner à la fin un résidu multicellulaire (**Fig. 15**).

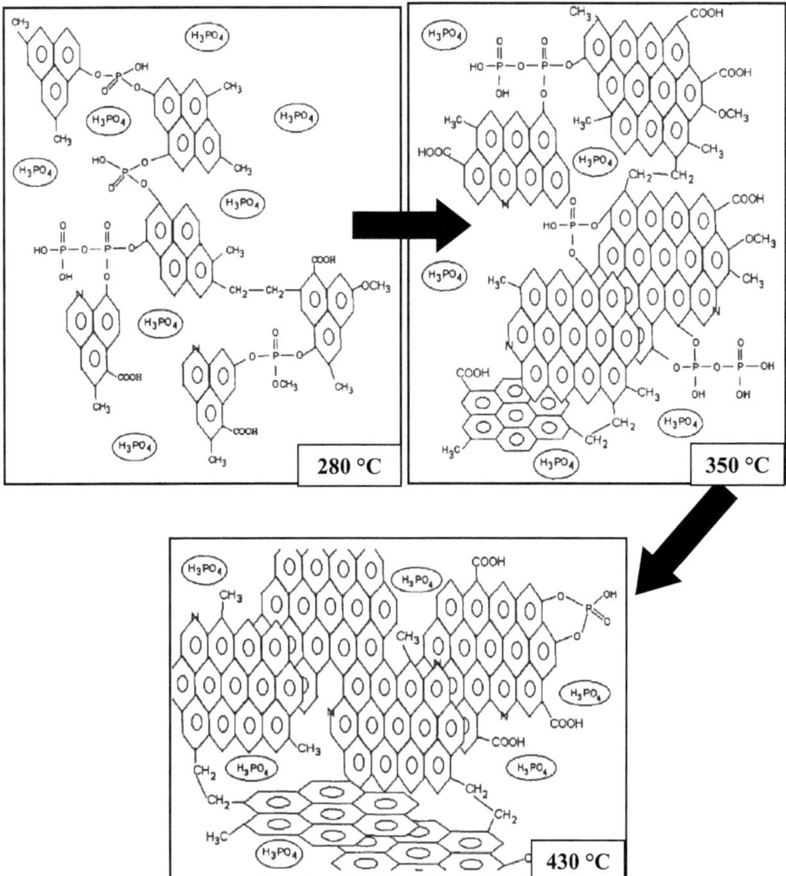

Fig 15. Structures phosphocarbonées de mélanges APP-PER chauffés à différentes températures [117]

Ainsi, le matériau obtenu est un mélange d'espèces polyaromatiques organisées et de phosphates. D'une manière générale, l'organisation du réseau polyaromatique conditionne plusieurs paramètres physiques du char et par conséquent son efficacité [118]. Ainsi, la performance d'un char dépend de la quantité de résidu développée, de sa cinétique de formation, de sa porosité, de la taille des alvéoles formées et de leur nature (cellules fermées ou ouvertes), de la présence de fissures superficielles, etc... La stabilité thermique de la structure est également très importante afin qu'elle ne se dégrade pas à de très hautes températures et qu'elle continue à assurer la protection du polymère non dégradé.

II.4- Effets de synergie entre additifs

La littérature montre que le recours à des mélanges d'additifs retard au feu constitue une approche intéressante pour améliorer les propriétés ignifuges des polymères. En effet, certaines combinaisons de FR ont montré de meilleurs résultats comparativement aux effets de chaque composé utilisé séparément. Dès lors, l'intérêt porté à la notion de synergie, qu'elle soit en phase gaz ou condensée, n'a cessé de grandir et les avantages de cette approche sont multiples. En effet, l'ajout de synergistes permet l'obtention de meilleures performances au feu pour un même taux de charge, la conservation des propriétés mécaniques du matériau en réduisant la teneur en additifs ou la réduction du coût du produit final. Plusieurs associations synergiques ont été étudiées et certains d'entre elles sont données en exemples [119] :

- la synergie phosphore-azote : comme évoqué précédemment, la synergie entre composés phosphorés et azotés améliore remarquablement la tenue au feu des polymères cellulosiques. La présence de l'azote réduit la volatilisation du phosphore et favorise son action en phase condensée.

- la synergie halogènes-antimoine : des interactions entre les composés halogénés (dérivés bromés/chlorés aliphatiques ou aromatiques) et les trioxydes d'antimoine permettent d'améliorer la tenue au feu du polystyrène. Cette synergie a une activité à la fois en phase gaz et en phase condensée avec la prédominance du premier mode d'action. Il est présumé que des halogénures d'antimoine se forment lors de la combustion, ces composés catalysent les réactions radicalaires et par conséquent l'inhibition de la flamme.

- la synergie brome-phosphore : la combinaison de composés bromés (HBCD) et phosphorés (APP) confèrent au poly (acrylonitrile) une bonne protection au feu par intumescence. Dans ce système, le produit halogéné n'agit pas en phase gaz mais tient plutôt le rôle de l'agent gonflant dans la formulation. Les travaux de

Ballistreri [120] démontrent bien que les performances et le mode d'action des agents retardateurs de flammes dépendent étroitement des composés choisis, de leur interactions (synergique ou antagoniste) et du polymère utilisé.

Compte tenu du caractère toxique de certains ignifugeants, leur utilisation s'en trouve interdite ce qui incite la communauté scientifique à développer de nouvelles formulations non halogénées revendiquées synergiques. Laachachi *et al.* [121] ont amélioré le comportement au feu du PMMA en associant des phosphinates à des nanoparticules telles que les oxydes de titane ou de fer (TiO_2 et Fe_2O_3). Les auteurs ont observé une augmentation du temps d'ignition et une baisse du PRHR en présence du mélange synergique qu'ils ont expliqué par le renforcement de la phase condensée par les oxydes. Isitman *et al.* [122] ont également étudié l'ignifugation du PMMA en y mélangeant par extrusion des additifs FR phosphorés avec soit des nanotubes de carbone, soit des nanoargiles. Les argiles donnent de meilleures performances au feu au PMMA comparativement aux nanotubes ce qui est dû, selon les auteurs, au réseau formé par ces derniers qui restreint le gonflement du char lors de l'intumescence du système. Modesti *et al.* [123] ont incorporé des phosphinates et de la montmorillonite dans du polyuréthane et ont obtenu une meilleure réaction au feu pour la mousse fonctionnalisée en comparaison avec le PU vierge. La nanocharge inorganique semble améliorer les performances de la couche phosphocarbonée en tant que barrière physique et isolant thermique. Le même type d'additif phosphoré (phosphinates d'aluminium) a été associé à des oxydes métalliques pour la protection au feu du PBT [124]. Les deux additifs ont des modes d'action différents, gazeux et condensé, et la combinaison de ces derniers a permis l'obtention d'un meilleur classement UL-94 pour le PBT ignifugé ainsi qu'un LOI plus élevé que celui de la référence. La même équipe [125] a appliqué la synergie entre les phosphinates et les oxydes métalliques sur un biopolymère et a obtenu un matériau avec une bonne résistance au feu. Une formule synergique comprenant des nanotubes de carbone et un agent FR bromé a été proposé pour l'ignifugation du polystyrène [126] où la nanocharge favorise la participation des chaines macromoléculaires de la matrice dans la formation du char ce qui améliore les propriétés au feu du polymère.

Les charges silicatées (POSS) ont également été étudiées en tant que synergistes dans des systèmes ignifugés. Chigwada *et al.* [127] ont observé à l'aide d'analyses thermogravimétriques que la dégradation d'une résine poly (vinyl-ester) chargée à 4 %

en phosphates formait une couche carbonée. Le rajout de 4 % de POSS améliorait significativement la quantité de résidu suggérant des effets de synergie entre les phosphates et les nanocharges. Pour consolider cette hypothèse, des caractérisations au cône sous un flux de chaleur à 35 kW/m² ont été faites sur le matériau. Pour un taux de charge total de seulement 8 %, la résine ignifugée a montré d'excellentes propriétés au feu avec une réduction du PRHR atteignant 60 % et une baisse du THE de l'ordre de 50 % en comparaison avec la résine vierge. Des caractérisations mécaniques ont été menées sur le poly (vinyl-ester) chargé ; peu d'effets négatifs sont à noter jusqu'à des taux de charge de 15 %. En se basant sur cette synergie, Vannier *et al.* [128] ont étudié un mélange de phosphinates métalliques (phosphinates de zinc) et de POSS (*OctaMethyl* POSS, OM-POSS) dans une matrice PET. L'incorporation des phosphinates à 10 % en masse dans le thermoplastique permet d'obtenir un LOI de 29 % et une réduction du PRHR de 30 % au cône (flux de chaleur : 35 kW/m²). La substitution de 1 % de charges phosphorées par l'OM-POSS améliore remarquablement le LOI à 36 % et double la réduction du PRHR (jusqu'à 61 %). Le mécanisme de protection du mélange synergique est d'autant plus intéressant car ce dernier agit par intumescence ce qui vient à l'encontre des idées établies où il est stipulé que ce phénomène physico-chimique est conditionné par la présence des sources acide, carbone et de l'agent gonflant. Le mode d'action du mélange phosphinates-POSS a donc été étudié [129] et il a été démontré que les additifs n'interagissent pas chimiquement (aucune formation de nouvelles espèces de 20 à 500°C) lors de l'intumescence : face à une source de chaleur, l'action en phase condensée des phosphinates s'enclenche et est renforcée par un réseau silicaté formé par les résidus inorganiques des POSS. Les groupements organiques des nanocharges, quant à eux, se volatilisent et favorisent le gonflement du char.

La synergie entre les phosphinates et les POSS présente un grand intérêt compte tenu de l'excellente ignifugation du poly (éthylène téréphtalate) et ce à un taux de charge relativement faible. L'incorporation d'additifs FR affecte généralement les propriétés rhéologiques, mécaniques ou thermiques des matrices polymères. La teneur en additifs est donc un paramètre très important car limitant dans la mise en œuvre des thermoplastiques et *a fortiori* sous une forme filamentaire. Ces aspects feront l'objet de la partie qui suit du rapport et seront présentés plus en détails.

B- La transformation des polymères

Parmi les différentes familles de polymères, nous allons nous intéresser dans cette partie aux polymères thermoplastiques, des matériaux synthétiques dont l'état physique (solide, visqueux ou liquide) dépend de la température. Cette particularité offre un large choix de mise en œuvre (*e.g.* formes, tailles) et par conséquent de domaines d'applications (*e.g.* bâtiment, transport, médical, électrique, emballage). Les caractères versatiles et fonctionnels des polymères thermoplastiques font d'eux des matériaux très prisés par les industriels. Ceci explique leur croissance fulgurante et la constante hausse de leur production, environ 9 % par an, depuis les années 50 du XXème siècle (**Fig. 16**, [130]).

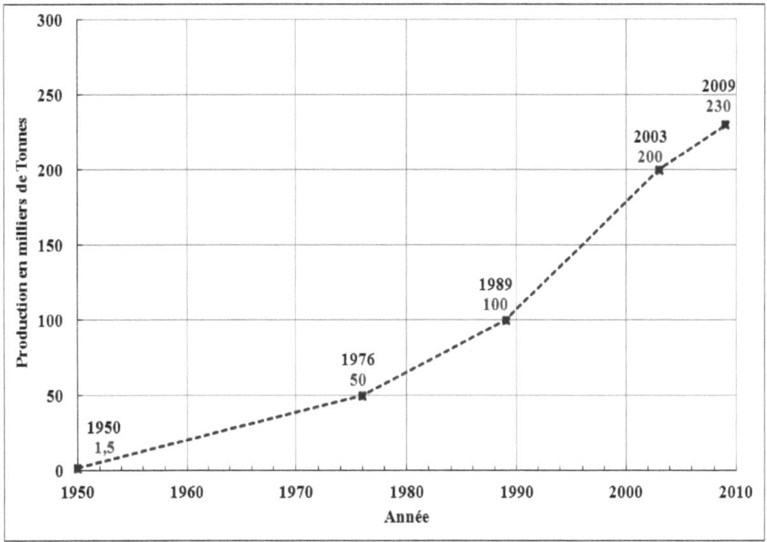

Fig 16.   Production mondiale de polymères synthétiques entre 1950 et 2009

Malgré une très bonne satisfaction à la demande, les thermoplastiques ne sont pas en mesure de répondre à toutes les propriétés requises dans certains domaines (propriétés électriques, thermiques ou même esthétiques). L'une des solutions industrielles établie pour ce frein consiste à incorporer par voie fondue des additifs dans les matrices polymères. Cependant, cette étape modifie généralement les propriétés d'usage du matériau. Il nous a donc semblé pertinent de commenter dans la suite de ce chapitre la mise en œuvre des thermoplastiques fonctionnalisés en voie fondue et l'influence que peut avoir l'insertion d'additifs sur leurs propriétés. Nous porterons une attention particulière à la famille des polyesters, polymères sélectionnés dans le cadre de nos recherches. Finalement, nous présenterons et commenterons une solution technique qui consiste à associer des polymères pour compenser les modifications engendrées par les additifs.

I- La mise en œuvre des thermoplastiques chargés en voie fondue

Les propriétés du matériau pendant et après sa transformation dépendent fortement de plusieurs paramètres tels que la température de mise en œuvre, le cisaillement appliqué et le taux de charge incorporé. Ces paramètres conditionnent étroitement les propriétés rhéologiques du matériau à l'état fondu et ses propriétés mécaniques à l'état solide. Ces propriétés sont d'autant plus cruciales lorsqu'il s'agit de transformer les polymères par filage en voie fondue compte tenu de l'aspect déterminant de la fluidité des filaments, de leur finesse et de leurs propriétés mécaniques finales.

I.1- Influence des additifs sur les propriétés rhéologiques des polymères

La présence de charges, même à l'échelle nanométrique, augmente généralement la viscosité à chaud du polymère ce qui affecte son écoulement, et par conséquent, complique sa mise en œuvre. Dans les paragraphes qui suivent, les paramètres physiques des additifs qui influencent la fluidité des polymères seront présentés. Les nanocharges sont prises en exemple bien que les mêmes observations peuvent être transposées à des additifs dits « conventionnels » (de taille micrométrique).

L'influence de la géométrie des charges sur la viscosité des polymères a été étudiée par Knauert *et al.* [131]. Trois nanocharges ayant des structures différentes (formes sphérique, linéaire et plane) ont été choisies à cet effet. Il a été démontré que les nanocharges planes affectaient peu la viscosité du matériau grâce à leur flexibilité et déformabilité alors que les nanocharges filiformes sont celles qui augmentent le plus la viscosité du polymère. Ces résultats ont été confirmés par Vargas *et al.* [81] qui ont comparé les viscosités complexes de trois matériaux à base de polypropylène (PP) dans lesquels trois différents types de nanocharges ont été insérés, des nanotubes de carbone (CNT), des nanotubes de carbone oxydés (CNTO) et de la sépiolite (SEP). A un même taux de 0,75 % en masse, les nanotubes de carbone semblent avoir une influence plus importante que la sépiolite sur le comportement rhéologique de la matrice chargée (**Fig. 17**). Les auteurs ont expliqué ce résultat par le facteur de forme élevé des CNT qui réduit la mobilité des chaines macromoléculaires et augmente ainsi la viscosité du matériau.

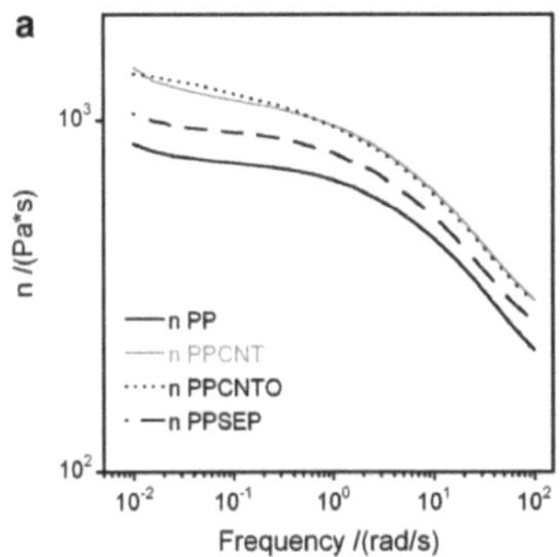

Fig 17. Viscosités complexes du PP et ses dérivés chargés en CNT (PPCNT), en CNT oxydé (PPCNTO) ou en sépiolite (PPSEP) [81] (Déformation 1 % à 200°C)

L'influence qu'a la teneur en additifs sur la rhéologie des matrices polymères a été également étudiée. Giannelis *et al.* [132] ont ainsi observé une augmentation de la viscosité à chaud proportionnelle au taux de silice incorporé dans le polymère. Durmus *et al.* [133] ont reporté la même tendance avec de la Cloisite®20A (argile) incorporée dans du polyéthylène linéaire basse densité (LLDPE) ; plus le taux de nanocharges est élevé, plus la viscosité à chaud augmente (**Fig. 18**). Les auteurs ont également étudié l'influence de la compatibilisation des charges en incorporant deux types de compatibilisants dans la matrice, du polyéthylène greffé avec de l'anhydride maléique (PE-g-MA) et du polyéthylène oxydé (OxPE). Il a été observé que les effets de compatibilisation du PE-g-MA étaient meilleurs à celui de l'OxPE. En effet, les écarts de viscosité entre les matériaux ayant différents taux de charge étaient plus faibles dans le cas de l'OxPE (**Fig. 18b**). L'insertion du compatibilisant améliore la dispersion de l'argile, le polymère chargé est donc plus homogène et possède une meilleure fluidité.

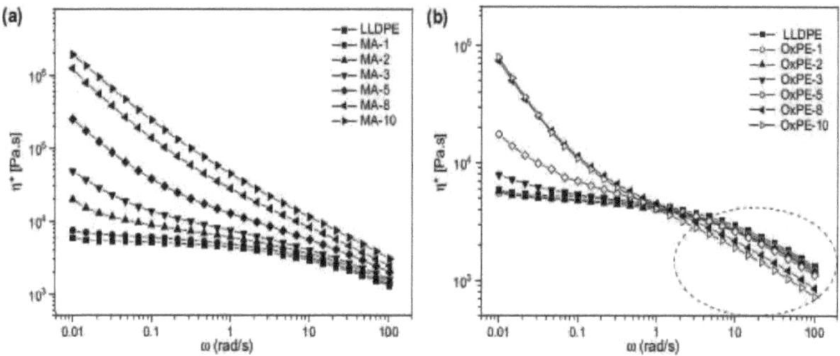

Fig 18.   Viscosités complexes à 160°C du LLDPE et ses dérivés compatibilisés et chargés à différentes fractions massiques (a) LLDPE/MA ; (b) LLDPE/OxPE [133]

Comme dit précédemment, les contraintes rhéologiques sont plus importantes dans le cas du filage en voie fondue. Ainsi, Solarski *et al.* [80] ont eu recours à des plastifiants pour pouvoir développer des multifilaments de PLA chargés à 4 % en masse de Cloisite®30B. Les plastifiants sont des oligomères qui s'insèrent entre les chaines macromoléculaires, augmentent leur mobilité et améliorent la fluidité du polymère. Cependant, ils ne supportent généralement pas des températures de mise en œuvre élevées et ne sont donc pas adaptés à certains types de polymères thermoplastiques.

Pour résumer, la fluidité d'un polymère thermoplastique chargé dépend de la morphologie (géométrie et granulométrie) des additifs et de leur taux de charge. Les propriétés rhéologiques peuvent être améliorées en compatibilisant la matrice polymère et la charge ou en ajoutant un plastifiant au matériau. Ces solutions techniques comportent leurs limites tout comme l'augmentation de la température de mise en œuvre qui améliore certes la fluidité, mais risque de dégrader la matrice ou l'additif inséré. Augmenter le cisaillement constitue un autre moyen de réduire la viscosité du matériau (**Figures 17** et **18**), mais il peut également induire des scissions de chaines macromoléculaires qui détérioreraient les propriétés mécaniques du polymère.

I.2- Influence des additifs sur les propriétés mécaniques des polymères

Contrairement à la viscosité qui augmente avec la plupart des charges, qu'elles soient nano ou micrométriques, les propriétés mécaniques du matériau quant à elles, sont modifiées différemment selon le type d'additif incorporé. En effet, il est établi que les charges conventionnelles affectent négativement les propriétés mécaniques alors que la présence de nanocharges les améliore dans certains cas de figure.

Pour des applications de protection au feu, Owen *et al.* [134] ont incorporé dans du poly (acrylonitrile-butadiène-styrène) (ABS) des trioxydes d'antimoine (Sb_2O_3) de différentes tailles et ont étudié leurs influences sur les propriétés mécaniques du polymère. Les auteurs ont observé une réduction importante de la résistance mécanique de l'ABS lorsque les particules utilisées ont une granulométrie élevée. En effet, l'énergie d'impact du polymère est réduite de 30 % avec seulement 2 % en masse de trioxydes d'antimoine à 11,8 µm contre 10 % en masse de trioxydes d'antimoine à 0,8 µm. Pour réduire les effets négatifs du Sb_2O_3 sur l'ABS, Chiang *et al.* [135] ont eu recours à des agents de couplage de différentes natures qui ont pour fonction d'améliorer l'adhésion interfaciale des matériaux et d'éviter par conséquent les agglomérats d'additifs qui représentent des zones de rupture privilégiées. Jia *et al.* [136], quant à eux, ont incorporé trois agents FR différents dans de l'ABS et ont démontré que la résistance à l'impact des matériaux est inversement proportionnelle aux tensions interfaciales entre matrice polymère et additifs. Dans une autre étude, Rusu *et al.* [137] ont observé une baisse des propriétés mécaniques du polyéthylène haute densité en présence de poudre de zinc. Deux exceptions ont été néanmoins relevées, où les matériaux chargés montrent une meilleure résistance à la rupture et un module d'Young plus élevé à des taux de charge spécifiques. Les auteurs expliquent ce phénomène par la rigidification du matériau en présence des additifs.

L'influence des nanocharges sur les propriétés mécaniques des matrices polymères a été également largement commentée dans la littérature dès les années 1990 [30,138]. Il a été démontré à l'époque que l'incorporation de la montmorillonite dans du PA-6 augmente le module du matériau (**Fig. 19**), et ce grâce à sa bonne dispersion dans la matrice polymère. Depuis, le nombre d'études qui portent sur les matériaux « nanocomposites », combinant matrices polymères et nanocharges, n'a cessé de croitre [139]. Ces matériaux associent la facilité de mise en œuvre, la flexibilité et la légèreté des thermoplastiques avec la stabilité thermique et chimique et la résistance mécanique des nanocharges inorganiques.

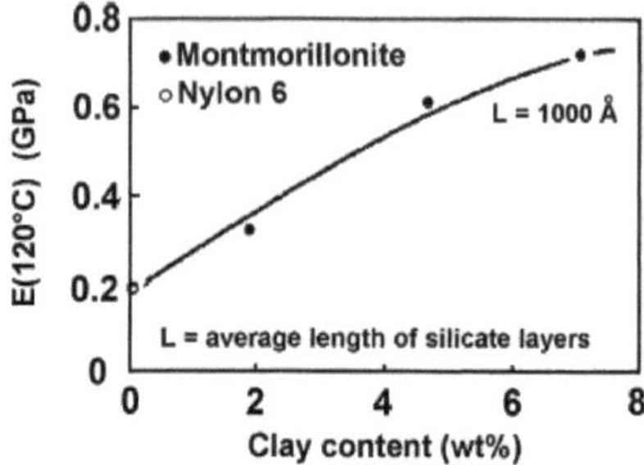

Fig 19.　Module du PA-6 à 120°C en fonction du taux de montmorillonite inséré
[138]

Les nanocharges silicatées POSS, présentées précédemment pour leurs bonnes propriétés ignifugeantes, ont été également utilisées pour des applications mécaniques. Huang *et al.* [64] ont développé par copolymérisation plusieurs nanocomposites à base de polyimide et de différents POSS et les ont caractérisé mécaniquement. Les auteurs ont démontré que les propriétés mécaniques des matériaux sont meilleures lorsque les liaisons covalentes entre POSS et polyimide sont plus nombreuses. En effet, les liaisons entre nanocharges et chaines macromoléculaires conduisent à un réseau réticulé plus important et, par conséquent, à une rigidité plus élevée du nanocomposite à l'échelle macroscopique. Plus récemment, Casalini *et al.* [140] ont comparé les effets des nanocharges CNT et POSS sur les propriétés rhéologiques de formulations polyurée-(mélange nanocharges/oligomère polydiamine) et les propriétés mécaniques des résines obtenues. La présence des CNT à très faible taux de charge (1 % en masse) augmente la viscosité de la formulation contrairement aux POSS qui n'ont aucun effet. L'étude a également montré que les propriétés mécaniques de toutes les résines nanocomposites sont meilleures que celles des résines vierges avec une augmentation significative de la résistance du matériau contenant des POSS. Les avantages rhéologiques et mécaniques des POSS leurs sont conférées par leur forme tridimensionnelle. Cette forme n'affecte pas la mobilité des oligomères de la formulation. De plus, la faible tension interfaciale des POSS avec la matrice polymère améliore la résistance mécanique de la résine nanocomposite polyurèe lorsqu'elle est soumise à des contraintes mécaniques.

Concernant le cas particulier des nanocomposites sous forme fibreuse, plusieurs études ont été publiées à ce sujet. Compte tenu des limites rhéologiques et mécaniques du filage en voie fondue [80], les teneurs en additifs excèdent rarement 5 % en masse. Chang *et al.* [141] ont produit des fibres de PBT avec de la MMT et ont observé une augmentation des propriétés mécaniques avec 3 % en masse de MMT. Cette tendance est inversée dès lors que le taux de charge dans les fibres atteint 5 %. La même équipe [142] a mis en œuvre des fibres en polytéréphtalate de triméthylène (PTT) avec différents taux de charge de MMT organomodifiée et ont étudié l'influence du taux d'étirage (Draw Ratio DR) sur les propriétés mécaniques des fibres comme le montre la **Figure 20**. L'augmentation du taux de MMT incorporée a un effet visible sur le module des fibres contrairement à l'étape d'étirage où le module n'augmente que pour le PTT vierge. Ce phénomène est dû, selon les auteurs, à une faible cohésion entre le polymère et l'argile qui créent des zones vides à proximité des interfaces lors de la mise en œuvre et qui limitent l'amélioration des propriétés mécaniques sous un étirage élevé. La même argile organomodifiée a été copolymérisée *in situ* dans un autre polyester, le PET, par Chang *et al.* [143]. De meilleures propriétés mécaniques ont été observées avec un taux de MMT de 3 % et un étirage faible. L'augmentation du taux d'étirage baisse considérablement les propriétés du PET chargé alors qu'elle n'a pas d'effets significatifs sur la matrice PTT. Ce résultat prouve l'importance des interactions entre additifs et matrices et leurs répercussions sur les propriétés finales des polymères chargés.

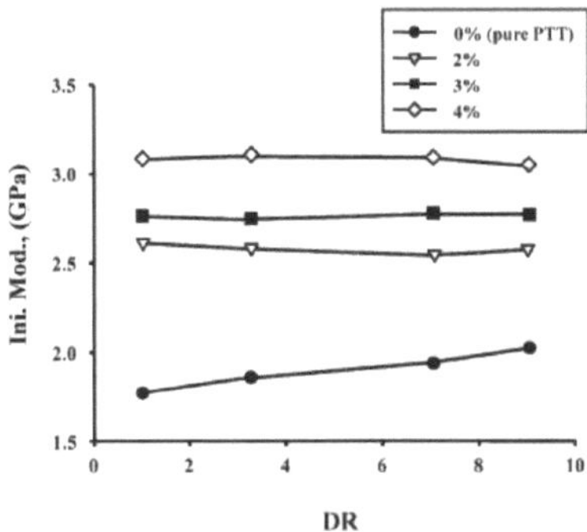

Fig 20.   Module de fibres PTT chargées en MMT en fonction du taux d'étirage [142]

En somme, les principaux paramètres qui conditionnent les propriétés mécaniques des mélanges polymères/additifs sont la granulométrie et la forme des charges, leur teneur et leurs interactions avec la matrice polymère (tension interfaciale, adhésion et état de dispersion). Les propriétés mécaniques dépendent fortement de la forme finale du matériau (films, plaques ou fibres) et par conséquent du procédé de mise en œuvre choisi. Nous avons également vu que le recours à des agents de couplage constitue une solution technique pour améliorer les propriétés des polymères chargés. Cependant, cette méthode demande une préparation des matériaux à l'échelle moléculaire et les solutions développées ne sont généralement pas adaptées à tous les types de matrices. Une autre voie existe pour améliorer la mise en œuvre et les propriétés des polymères chargés. Il s'agit du principe des mélanges de polymères qui sera présenté dans la partie suivante.

II-Les polyesters thermoplastiques

La famille des polyesters se présente sous deux formes principales, saturée et insaturée, désignant respectivement les polyesters thermoplastiques et thermodurcissables. Le procédé de mise en œuvre conditionne le choix du polyester. C'est pourquoi seule la forme saturée peut être transformée en voie fondue (extrusion, injection ou filage).

Comparés aux autres polymères de commodité, les polyesters saturés présentent plusieurs qualités telles que [144] :

- une bonne résistance thermique et chimique
- de bonnes propriétés mécaniques (rigidité, résistance à la fissuration sous contrainte)
- un bon comportement en vieillissement
- un coût relativement faible
- une faible reprise d'eau

Parmi une large variété de polyesters, notre choix s'est porté sur le polyéthylène téréphtalate (PET) et le polybutylène téréphtalate (PBT) du fait qu'ils présentent en mélange des propriétés viscoélastiques, thermiques et mécaniques intéressantes. Ces modifications présagent une facilité de mise en œuvre, aspect d'autant plus capital lorsqu'il s'agit de la transformation de mélanges polymère/additifs en filaments.

II.1- Structures et propriétés générales

Le PET (**Fig. 21**) est préparé par polycondensation entre l'acide téréphtalique et l'éthylène glycol. Il est semi-cristallin et présente une cinétique de cristallisation relativement lente qui lui permet, pour des fins d'injection ou de moulage, de bien infuser avant de se solidifier ce qui facilite sa mise en œuvre. Le PET est donc largement industrialisé sous plusieurs formes telles que des films, des bouteilles ou des fibres. Après un refroidissement rapide, le PET montre également une cristallisation froide qui consiste en un réarrangement des zones amorphes en cristaux, et ce à une température beaucoup plus faible (~ 120°C) que celle de sa fusion (~ 260°C). Pingping *et al.* [145] ont introduit du carbonate de calcium dans du PET et ont étudié les transitions thermiques du mélange. Ils ont ainsi pu mettre en évidence l'influence des additifs sur la cinétique de cristallisation froide du PET. Limiter le phénomène de cristallisation froide revient à augmenter l'arrangement des zones cristallines lors du refroidissement du polymère, ce qui a des répercussions sur les propriétés mécaniques du matériau final.

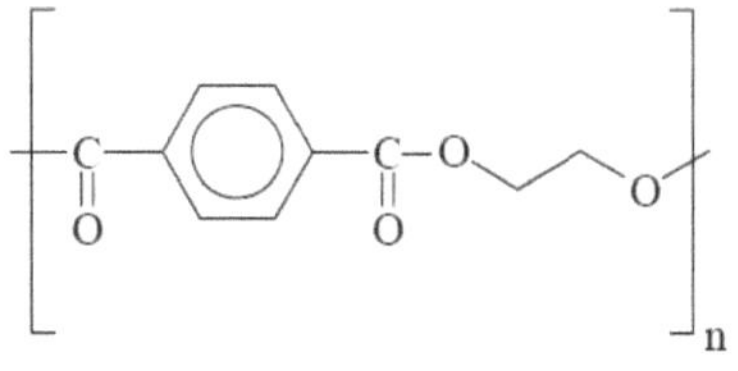

Fig 21.   Formule chimique du poly(éthylène téréphtalate)

Le PBT (**Fig. 22**) est issu, quant à lui, de la polycondensation entre l'acide téréphtalique et le butylène glycol. Il comporte dans son motif de répétition deux groupements méthyle de plus que le PET. Cette différence lui confère des propriétés différentes, dont une cristallisation plus rapide lors de la mise en œuvre et une élasticité supérieure. L'influence de l'architecture moléculaire d'un polymère sur certaines de ses propriétés a été étudiée par McKee *et al.* [146]. Les auteurs ont synthétisés des polyesters avec différentes longueurs de chaines et les ont caractérisés. Ils ont démontré que les propriétés rhéologiques des polyesters, et des polymères thermoplastiques en général, dépendent des longueurs et de l'architecture des chaines macromoléculaires ainsi que de leurs ramifications. Les comportements thermiques, mécaniques et diélectriques du PBT en font un polymère privilégié pour la production de pièces moulées destinées à des applications électriques et électroniques.

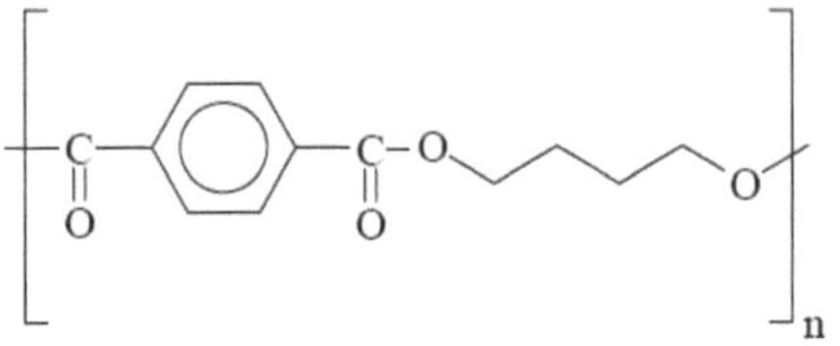

Fig 22.   Formule chimique du poly(butylène téréphtalate)

II.2- Propriétés thermiques et réaction au feu

Les matériaux thermoplastiques sont mis en œuvre à haute température ce qui induit un risque de dégradation. Des expériences de dégradation isothermes ont été menées sur du PET (entre 270 et 370°C) et du PBT (entre 240 et 280°C) pour simuler les contraintes thermiques appliquées sur le matériau et tenter de révéler les modifications de sa structure chimique [147,148]. Une autre étude s'est basée sur des analyses thermogravimétriques et de spectroscopie infrarouge pour caractériser les éléments chimiques produits suite à une dégradation thermique du PET [149]. Les mécanismes de dégradation du PET présentés dans les deux études citées précédemment concordent [147,149] : des scissions dans les sections aliphatiques du polymère génèrent des oligomères volatils et des résidus non volatils essentiellement constitués de composés aromatiques. Le PBT se dégrade également par des scissions au niveau de ses sections aliphatiques, libérant du butadiène (composé gazeux) et augmentant le nombre de terminaisons carboxyliques (-COOH), ces dernières affectant la réactivité du polymère avec les additifs. Bikiaris *et al.* [150] ont étudié l'influence des terminaisons carboxyliques sur la stabilité thermo-oxydative du PET et du PBT et ont démontré que moins le polyester comportait de groupements carboxyliques, meilleure était sa stabilité thermique. Botelho *et al.* [151] se sont également intéressés à la dégradation thermo-oxydative des deux polyesters. Ils ont ainsi démontré par leurs travaux que le PET est thermiquement plus stable que le PBT.

De par leur nature organique, le PET et le PBT présentent une mauvaise résistance au feu. Les composés dégagés lors de leur dégradation thermique sont combustibles et contribuent à l'entretien de la flamme durant une combustion. Même s'ils ont tendance à fuir la flamme, ces polyesters présentent également un effet de gouttage assez important qui favorise la propagation du feu et en fait des matériaux potentiellement très dangereux. Il est par conséquent indispensable de recourir à l'ignifugation de ces matériaux pour élargir leurs domaines d'applications.

III-   Les mélanges de polymères : cas des polyesters

Les mélanges de deux ou plusieurs thermoplastiques peuvent avoir un intérêt particulier car ils permettent de bénéficier des bonnes propriétés d'un matériau tout en limitant ses faiblesses en y ajoutant un polymère différent. Dans ce sens, les propriétés mécaniques et la dégradation thermique d'un mélange à base de PET/PLA (acide polylactique) ont été étudiées [152], et il a été démontré que le comportement mécanique du mélange se détériore du fait des mauvaises interactions entre le PLA et le PET. En revanche, la stabilité thermique du mélange augmente comparativement à celle des homopolymères. Dans une autre étude [153], un polyester à cristaux liquides (LCP) a été synthétisé afin d'évaluer son influence sur les propriétés d'un PET conventionnel, notamment d'un point de vue viscoélastique. Les résultats des mesures rhéologiques montrent que de faibles doses de LCP (2,5 % en masse) provoquent une baisse de la viscosité à chaud du PET, ce qui facilite grandement la mise en œuvre de ce dernier. Une publication traitant des mêmes matériaux auxquels un additif phosphoré a été rajouté à des fins de retard au feu montre que des doses minimes de LCP accélèrent la cristallisation du PET, diminuent le phénomène de gouttage lors de la combustion du mélange, et améliorent ses propriétés au feu [154]. Delimoy *et al.* [155] ont quant à eux, étudié le comportement thermique et morphologique d'un mélange PBT/PC (polycarbonate) et ont mis en évidence l'influence de la dispersion sur les transitions thermiques du mélange, et plus particulièrement sur sa cristallisation qui s'en trouve accélérée. Une même étude sur les comportements thermiques a été menée avec un mélange PBT/PEMA (Poly éthylène-*co*-acide méthacrylique) [156]. La présence du

PEMA à l'état fondu dans le mélange agit tel un agent nucléant, augmentant ainsi le taux de cristallinité du PBT.

Dans le cas particulier des mélanges PET/PBT, certains travaux ont mis en évidence des interactions physiques entre les deux polyesters. Selon leurs proportions en mélange, la viscosité et/ou les propriétés mécaniques du matériau final peuvent être considérablement modifiées en comparaison avec celles des polymères vierges. Ainsi, des mélanges de polyesters ont été mis en œuvre par voie fondue et brevetés [157,158]. Mishra *et al.* [159] ont démontré que l'ajout de faibles quantités de PBT dans du PET (4 % en masse) augmente la viscosité à chaud de la matrice polymère. D'après les auteurs, ce comportement est dû à une densité d'enchevêtrement élevée entre les chaînes macromoléculaires des deux polyesters. La tendance est inversée dès lors que 10 % ou plus de PBT sont incorporés. La baisse de la viscosité observée est proportionnelle à la quantité de PBT présente dans la matrice polymère. La même équipe a publié ses travaux sur les comportements mécaniques du mélange [160]. Divers systèmes PET/PBT en différentes proportions ont été mis en œuvre sous forme de filaments dont les propriétés mécaniques ont été caractérisées. Il est alors énoncé que les propriétés du mélange sont déterminées par l'arrangement, la morphologie, la nature de l'interface et l'interpénétration des chaines des polymères purs. Les résultats publiés par Aravinthan *et al.* [161] concordent avec ceux de Mishra, des mélanges de PET/PBT ont été étudiés et il a été démontré que l'ajout du PBT facilite la transformation du matériau en voie fondue. De meilleures propriétés mécaniques ont été également observées avec un mélange PET/PBT à 50/50 wt.% en comparaison avec les homopolymères. Une étude calorimétrique de systèmes PET/PBT a été menée par Avramov *et al.* [162] montrant par des analyses DSC que le mélange ne présente qu'un seul pic de cristallisation froide durant le chauffage de l'échantillon. Les auteurs ont également remarqué un effet des deux polyesters sur les propriétés mécaniques du mélange ce qui indique la miscibilité des thermoplastiques. La miscibilité du mélange a également été étudiée par Avramova [163] qui avance que la cristallisation de chaque polymère est améliorée par la présence du deuxième. A un taux de 10 % en masse dans un mélange, le PET ou le PBT n'est pas en quantité suffisante pour qu'il forme sa propre phase cristalline. Il affecte néanmoins la température de transition vitreuse et la température de cristallisation de la matrice. Des résultats similaires ont été présentés par Yu *et al.* [164]. Il a été démontré que la température de fusion du polyester formant la matrice baisse en ajoutant une faible quantité du deuxième polyester.

Les nombreux résultats relatifs à l'association du poly (éthylène téréphtalate) et du poly (butylène téréphtalate) justifient l'intérêt d'envisager le mélange des homopolymères. Comme énoncé précédemment, l'idée étant d'obtenir un matériau qui permettrait de surmonter les multiples contraintes, essentiellement d'ordre rhéologique et mécanique, liées à l'ajout de charges, et ce pour une facilité de mise en œuvre de filaments par filage en voie fondue.

C- Conclusion

La synthèse bibliographique présentée dans ce chapitre nous a permis de mettre en évidence la nécessité d'ignifuger les matériaux de commodité et à plus forte raison les polymères thermoplastiques compte tenu de leur utilisation dans de nombreux domaines.

Parmi les différents procédés d'ignifugation, il apparaît que l'insertion d'additifs FR dans les matrices polymères par voie fondue, présente plusieurs avantages tels qu'une facilité de mise en œuvre, une adaptabilité et un faible coût de production.

Les différentes familles d'agents ignifugeants ont été commentées, les produits phosphorés se démarquant par leur efficacité et leur faible toxicité lors d'une combustion. L'accent a été également mis sur l'utilisation des nanoparticules en tant qu'additifs FR. Ces produits chimiques de taille nanométrique peuvent montrer de très bonnes propriétés au feu pour de faibles quantités employées. Par ailleurs, il est rapporté dans la littérature que l'association de certains additifs FR conventionnels et de nanocharges améliore par des effets synergiques les performances au feu des matériaux ignifugés.

Les mécanismes d'ignifugation ont été rappelés et notre choix s'est porté sur le mécanisme d'intumescence qui, par son mode d'action, semble être le plus intéressant et le plus adéquat pour les applications visées dans ce projet (les textiles de recouvrement).

Les problèmes relatifs à l'incorporation d'additifs dans les matrices polymères thermoplastiques ont été commentés. Notre intérêt s'est porté sur les polyesters thermoplastiques qui, par leurs bonnes propriétés physiques et chimiques et leur faible coût, ont semblé être de très bons candidats dans le cadre de nos recherches.

En nous basant sur cet état de l'art, des produits phosphorés et des nanocharges ont été sélectionnés pour l'ignifugation du PET et dont la combinaison a révélé dans la littérature un mécanisme d'intumescence efficace. Dans la suite du rapport, nous allons étudier l'influence des formulations intumescentes sur les propriétés thermiques, rhéologiques, mécaniques et au feu des matériaux développés. Nous allons également nous intéresser aux effets des taux de charges sur les propriétés du PET. Finalement, nous allons investiguer quelques procédés d'ignifugation relatifs aux structures textiles.

Bibliographie :

[1] Kozlowski R, Wladyka-Przybylak M. *Natural polymers, wood and lignocellulosic material.* Fire retardant materials. Edited by A. R. Horrocks and D. Price Woodhead Publishing Limited 2000, p.293

[2] Marais C. *L'âge du plastique: découvertes et utilisations.* Editions L'Harmattan, 2005

[3] Troitzsch J. *International Plastics Flammability Handbook, Principles – Regulations – Testing and Approval.* (2nd ed), Hanser Publications 1990

[4] Gay-Lussac J.L, *Note sur la propriété qu'ont les matières salines de rendre les tissus incombustibles.* Annales de Chimie 1821, Tome 18: 211

[5] http://www.scopus.com consulté le 23-02-2012

[6] http://www.cefic-efra.com consulté le 08-03-2012

[7] Koch P. J, Pearce E. M, Lapham J. A, Shalaby S. W, *Flame-Retardant Poly(ethylene Terephthalate).* Journal of Applied Polymer Science 1975; **19**: 227

[8] Georlette P. *Applications of halogen flame retardants.* Fire retardant materials. Edited by A. R. Horrocks and D. Price Woodhead Publishing Limited 2000, p.264

[9] Green J, *Phosphorus-bromine flame retardant synergy in polycarbonate/ABS blends.* Polymer Degradation and Stability 1996; **54**: 189

[10] Wakelyn P. J. *Environmentally friendly flame resistant textiles.* Advances in fire retardant materials. Edited by A. R. Horrocks and D. Price Woodhead Publishing Limited 2008, p.188

[11] Lu S-Y, Hamerton I, *Recent developments in the chemistry of halogen-free flame retardant polymers.* Progress in Polymer Science 2002; **27**: 1661

[12] Carpentier F, Bourbigot S, Le Bras M, Delobel R, *Rheological investigations in fire retardancy: application to ethylene-vinyl-acetate copolymer-magnesium hydroxide/zinc borate formulations.* Polymer International 2000; **49**: 1216

[13] Emsley A. M, Stevens G. C. *The risks and benefits of flame retardants in consumer products.* Advances in fire retardant materials. Edited by A. R. Horrocks and D. Price Woodhead Publishing Limited 2008, p.363

[14] Shimasaki C, Watanabe N, Fukushima K, Rengakuji S, Nakamura Y, Ono S, Yoshimura T, Morita H, Takakura M, Shiroishi A, *Effect of the fire-retardant, melamine, on the combustion and the thermal decomposition of polyamide-6, polypropylene and low-density polyethylene.* Polymer Degradation and Stability 1997; **58**: 171

[15] Weil E. D, Choudhary V, *Flame-retarding plastics and elastomers with melamine.* Journal of Fire Sciences 1995; **13**: 104

[16] Nagasawa Y, Hotta M, Ozawa K, *Fast thermolysis/FT-IR studies of fire-retardant melamine-cyanurate and melamine-cyanurate containing polymer*. Journal of Analytical and Applied Pyrolysis 1995; **33**: 253

[17] Manzi-Nshuti C, Hossenlopp J. M, Wilkie C. A, *Fire retardancy of melamine ans zinc aluminum layered double hydroxide in poly(methyl methacrylate)*. Polymer Degradation and Stability 2008; **93**: 1855

[18] Yang W, Song L, Hu Y, Lu H, Yuen R. K. K, *Enhancement of fire retardancy performance of glass-fibre reinforced poly(ethylene terephthalate) composite with the incorporation of aluminum hypophosphite and melamine cyanurate*. Composites Part B: Engineering 2011; **42**: 1057

[19] Levchik G. F, Grigoriev Y. V, Balabanovich A. I, Levchik S. V, Klatt M, *Phosphorus-nitrogen containing fire retardants for poly(butylene terephthalate)*. Polymer International 2000; **49**: 1095

[20] Gao F, Tong L, Fang Z, *Effect of a novel phosphorous-nitrogen containing Intumescent flame retardant on the fire retardancy and the thermal behavior of poly(butylene terephthalate)*. Polymer Degradation and Stability 2006; **91**: 1295

[21] Levchik S. V, Weil E. D, *Flame retardancy of thermoplastic polyesters – a review of the recent literature*. Polymer International 2005; **54**: 11

[22] Levchik S. V, Weil E. D, *A review of recent progress in phosphorus-based flame retardants*. Journal of Fire Sciences 2006; **24**: 345

[23] Levchik S. V, Weil E. D. *Developments in phosphorus flame retardants*. Advances in Fire Retardant Materials. Edited by A. R. Horrocks and D. Price Woodhead Publishing Limited 2008, p.41

[24] Sandler S. R, *Polyester resins flame retarded by poly(metal phosphinate)s*. US patent 1979 N° 4180495

[25] Braun U, Schartel B, Fichera M. A, Jäger C, *Flame retardancy mechanisms of aluminium phosphinate in combination with melamine polyphosphate and zinc borate in glass-fibre reinforced polyamide 6,6*. Polymer Degradation and Stability 2007; **92**: 1528

[26] Brehme S, Schartel B, Goebbels J, Fischer O, Pospiech D, Bykov Y, Döring M, *Phosphorus polyester versus aluminium phosphinate in poly(butylene terephthalate) (PBT): Flame retardancy performance and mechanisms*. Polymer Degradation and Stability 2011; **96**: 875

[27] Vannier A, Thèse de Doctorat, Université de Lille I 2008

[28] Blumstein A, *Polymerization of adsorbed monolayers. I. Preparation of the clay-polymer complex*. Journal of Polymer Science Part A. 1963; **3**: 2653

[29] Blumstein A, *Polymerization of adsorbed monolayers. II. Thermal degradation of the inserted polymer*. Journal of Polymer Science Part A. 1963; **3**: 2665

[30] Usuki A, Kojima Y, Kawasumi M, Okada A, Fukushima Y, Kurauchi T, Kamigaito O, *Synthesis of nylon 6-clay hybrid*. Journal of Materials Research 1993; **8**: 1179

[31] Kashiwagi T, Gilman J. W, Nyden M. R, Lomakin S. M, *Polymer combustion and new flame retardants*. Fire Retardancy of Polymers: The Use of Intumescence. Edited by M. Le Bras, G. Camino, S. Bourbigot and R. Delobel The Royal Society of Chemistry 1998, p.175

[32] Gilman J. W, *Flammability and thermal stability studies of polymer layered-silicate (clay) nanocomposites*. Applied Clay Science 1999; **15**: 31

[33] Alexandre M, Dubois P, *Polymer-layered silicate nanocomposites: preparation, properties and uses of a new class of materials*. Materials science and engineering 2000; **28**: 1

[34] Kiliaris P, Papaspyrides C. D, *Polymer/layered silicate (clay) nanocomposites: An overview of flame retardancy*. Progress in Polymer Science 2010; **35**: 902

[35] Kashiwagi T, Grulke E, Hilding J, Harris R, Awad W, Douglas J, *Thermal degradation and flammability properties of Poly(propylene)/Carbon Nanotube Composites*. Macromolecular Rapid Communications 2002; **23**: 761

[36] Kashiwagi T, Grulke E, Hilding J, Groth K, Harris R, Butler K, Shields J, Kharchenko S, Douglas J, *Thermal and flammability properties of polypropylene/carbon nanotubes nanocomposites*. Polymer 2004; **45**: 4227

[37] Gao F, Beyer G, Yuan Q, *A mechanistic study of fire retardancy of carbon nanotube/ethylene vinyl acetate copolymers and their clay composites*. Polymer Degradation and Stability 2005; **89**: 559

[38] Bourbigot S, Duquesne S, *Fire retardant polymers: recent developments and opportunities*. Journal of Materials Chemistry 2007; **17**: 2283

[39] Kashiwagi T, Du F, Winey K. I, Groth K. M, Shields J. R, Bellayer S. P, Kim H, Douglas J. F, *Flammability properties of polymer nanocomposites with single-walled carbon nanotubes: effects of nanotubes dispersion and concentration*. Polymer 2005; **46**: 471

[40] Wang L, Xie X, Su S, Feng J, Wilkie C. A, *A comparison of the fire retardancy of poly(methyl methacrylate) using montmorillonite, layered double hydroxide and kaolinite*. Polymer Degradation and Stability 2010; **95**: 572

[41] Zammarano M, Franceschi M, Bellayer S, Gilman J. W, Meriani S, *Preparation and flame resistance properties of revolutionary self-extinguishing epoxy nanocomposites based on layered double hydroxides*. Polymer 2005; **46**: 9314

[42] Wang L, Su S, Chen D, Wilkie C. A, *Variation of anions in layered double hydroxides: Effects on dispersion and fire properties*. Polymer Degradation and Stability 2009; **94**: 770

[43] Laachachi A, Leroy E, Cochez M, Ferriol M, Lopez Cuesta J. M, *Use of oxide nanoparticles and organoclays to improve thermal stability and fire retardancy of poly(methyl methacrylate)*. Polymer Degradation and Stability 2005; **89**: 344

[44] Jang B. N, Costache M, Wilkie C. A, *The relationship between thermal degradation behavior of polymer and the fire retardancy of polymer/clay nanocomposites*. Polymer 2005; **46**: 10678

[45] Kuo S-W, Chang F-C, *POSS related polymer nanocomposites*. Progress in Polymer Science 2011; **36**: 1649

[46] Fina A, Tabuani D, Carniato F, Frache A, Boccaleri E, Camino G, *Polyhedral oligomeric silsesquioxanes (POSS) thermal degradation*. Thermochimica Acta 2006; **440**: 36

[47] Lim S-K, Hong E-P, Choi H. J, Chin I-J, *Polyhedral oligomeric silsesquioxane and polyethylene nanocomposites and their physical characteristics*. Journal of Industrial and Engineering Chemistry 2010; **16**: 189

[48] Lichtenham J. D, Gilman J. W, *Preceramic additives as fire retardants for plastics*. US patent 2002 N° 6362279

[49] Carniato F, Boccaleri E, Marchese L, Fina A, Tabuani D, Camino G, *Synthesis and Characterisation of Metal Isobutylsilsesquioxanes and Their Role as Inorganic-Organic Nanoadditives for Enhancing Polymer Thermal Stability*. European Journal of Inorganic Chemistry 2007; **4**: 585

[50] Fina A, Abbenhuis H. C. L, Tabuani D, Frache A, Camino G, *Polypropylene metal functionalised POSS nanocomposites: A study by Thermogravimetric analysis*. Polymer Degradation and Stability 2006; **91**: 1064

[51] Zhou Z, Yin N, Zhang Y, Zhang Y, *Properties of Poly(butylene terephthalate) Chain-Extended by Epoxycyclohexyl Polyhedral Oligomeric Silsesquioxane*. Journal of Applied Polymer Science 2008; **107**: 825

[52] Fina A, Abbenhuis H. C. L, Tabuani D, Camino G, *Metal functionalized POSS as fire retardants in polypropylene*. Polymer Degradation and Stability 2006; **91**: 2275

[53] Glodek T. E, Boyd S. E, McAninch I. M, LaScala J. J, *Properties and performance of fire resistant eco-composites using polyhedral oligomeric silsesquioxane (POSS) fire retardants*. Composites science and technology 2008; **68**: 2994

[54] Bourbigot S, Turf T, Bellayer S, Duquesne S, *Polyhedral oligomeric silsesquioxane as flame retardant for thermoplastic polyurethane*. Polymer Degradation and Stability 2009; **94**: 1230

[55] Wilkie C. A. *Graft copolymerisation as a tool for flame retardancy*. Fire retardant materials. Edited by A. R. Horrocks and D. Price Woodhead Publishing Limited 2000, p.337

[56] Wang L-S, Wang X-L, Yan G-L, *Synthesis, characterisation and flame retardance behaviour of poly(ethylene terephthalate) copolymer containing triaryl phosphine oxide*. Polymer Degradation and Stability 2000; **69**: 127

[57] Wu B, Wang Y-Z, Wang X-L, Yang K-K, Jin Y-D, Zhao H, *Kinetics of thermal oxidative degradation of phosphorus-containing flame retardant copolyesters*. Polymer Degradation and Stability 2002; **76**: 401

[58] Zhao H, Wang Y-Z, Wang D-Y, Wu B, Chen D-Q, Wang X-L, Yang K-K, *Kinetics of thermal degradation of flame retardant copolyesters containing phosphorus linked pendent groups.* Polymer Degradation and Stability 2003; **80**: 135

[59] Chang S-J, Sheen Y-C, Chang R-S, Chang F-C, *The thermal degradation of phosphorus-containing copolyesters.* Polymer Degradation and Stability 1996; **54**: 365

[60] Wang D-Y, Liu X-Q, Wang J-S, Wang Y-Z, Stec A. A, Hull T. R, *Preparation and chracterisation of a novel fire retardant PET/α-zirconium phosphate nanocomposite.* Polymer Degradation and Stability 2009; **94**: 544

[61] Zhang J, Ji Q, Zhang P, Xia Y, Kong Q, *Thermal stability and flame-retardancy mechanism of poly(ethylene terephthalate)/boehmite nanocomposites.* Polymer Degradation and Stability 2010; **95**: 1211

[62] Zheng L, Kasi R. M, Farris R. J, Coughlin E. B, *Synthesis and thermal properties of hybrid copolymers of syndiotactic polystyrene and polyhedral oligomeric silsesquioxane.* Journal of Polymer Science Part A, Polymer Chemistry 2002; **40**: 885

[63] Ni Y, Zheng S, *A novel photocrosslinkable polyhedral oligomeric silsesquioxane and its nanocomposites with poly(vinyl cinnamate).* Chemistry of Materials 2004; **16**: 5141

[64] Huang J-C, He C-B, Xiao Y, Mya K. Y, Dai J, Siow Y. P, *Polyimide/POSS nanocomposites: interfacial interaction, thermal properties and mechanical properties.* Polymer 2003; **44**: 4491

[65] Phillips S. H, Haddad T. S, Tomczak S. J, *Developments in nanoscience: polyhedral oligomeric silsesquioxanes (POSS)-polymers.* Current Opinion in Solid State and Materials Science 2004; **8**: 21

[66] Jash P, Wilkie C. A, *Effects of surfactants on the thermal and fire properties of poly(methyl methacrylate)/clay nanocomposites.* Polymer Degradation and Stability 2005; **88**: 401

[67] Chen Q, Xu R, Zhang J, Yu D, *Polyhedral oligomeric silsesquioxane (POSS) Nanoscale Reinforcement of Thermosetting Resin from Benzoxazine and Bisoxazoline.* Macromolecular Rapid Communications 2005; **26**: 1878

[68] Perepelkin K. E, Andreeva I. V, Pakshver E. A, Morgoeva I. Y, *Thermal characteristics of para-aramid fibres.* Fibre Chemistry 2003; **35**: 265

[69] Villar-Rodil S, Martinez-Alonso A, Tascon J. M. D, *Studies on pyrolysis of Nomex polyaramid fibers.* Journal of Analytical and Applied Pyrolysis 2001; **58-59**: 105

[70] Han H, Bhowmik P. K, *Wholly aromatic liquid-crystalline polyesters.* Progress in Polymer Science 1997; **22**: 1431

[71] Patel P, Hull T. R, Lyon R. E, Stoliarov S. I, Walters R. N, Crowley S, Safronava N, *Investigation of the thermal decomposition and flammability of PEEK and its carbon and glass-fibre composites.* Polymer Degradation and Stability 2011; **96**: 12

[72] Cohen Y, Aizenshtat Z, *Isothermal fluidized-bed studies on the kinetics and pyro-products of liner and branched poly(p-phenylene sulphide) and proposed mechanisms.* Journal of Analytical and Applied Pyrolysis 1993; **27**: 131

[73] Nandan B, Kandpal L. D, Mathur G. N, *Poly(ether ether ketone)/poly(aryl ether sulfone) blends: thermal degradation behaviour.* European Polymer Journal 2003; **39**: 193

[74] Williams M. K, Holland D. B, Melendez O, Weiser E. S, Brenner J. R, Nelson G. L, *Aromatic polyimide foams: factors that lead to high fire performance.* Polymer Degradation and Stability 2005; **88**: 20

[75] Wolfe J. F, Arnold F. E, *Rigid-rod polymers. 1. Synthesis and thermal properties of para-aromatic polymers with 2,6-benzobisoxazole units in the main chain.* Macromolecules 1981; **14**: 909

[76] Wolfe J. F, Loo B. H, Arnold F. E, *Rigid-rod polymers. 2. Synthesis and thermal properties of para-aromatic polymers with 2,6-benzobisthiazole units in the main chain.* Macromolecules 1981; **14**: 915

[77] Odochian L, Moldoveanu C, Mocanu A. M, Carja G, *Contributions to the thermal degradation mechanism under nitrogen atmosphere of PTFE by TG-FTIR analysis. Influence of the additive nature.* Thermochimica Acta 2011; **526**: 205

[78] Lyon R. E, Balaguru P. N, Foden A, Sorathia U, Davidovits J, Davidovics M, *Fire-resistant Aluminosilicate composites.* Fire and Materials 1997; **21**: 67

[79] Bourbigot S, Devaux E, Flambard X, *Flammability of polyamide-6/clay hybrid nanocomposite textile.* Polymer Degradation and Stability 2002; **75**: 397

[80] Solarski S, Mahjoubi F, Ferreira M, Devaux E, Bachelet P, Bourbigot S, Delobel R, Coszach P, Murariu M, DaSilva Ferreira A, Alexandre M, Degee P, Dubois P, *(Plasticized) Polylactide/clay nanocomposites textile: thermal, mechanical, shrinkage and fire properties.* Journal of Materials Science 2007; **42**: 5105

[81] Vargas A. F, Orozco V. H, Rault F, Giraud S, Devaux E, Lopez B. L, *Influence of fiber-like nanofillers on the rheological, mechanical, thermal and fire properties of polypropylene: An application to multifilament yarn.* Composites: Part A 2010; **41**: 1797

[82] Zhang S, Horrocks A. R, *A review of flame retardant polypropylene fibres.* Progress in Polymer Science 2003; **28**: 1517

[83] Bourbigot S. *Flame retardancy of textiles: new approaches.* Advances in fire retardant materials. Edited by A. R. Horrocks and D. Price Woodhead Publishing Limited 2008, p.9

[84] Weil E. D, Levchik S. V, *Commercial flame retardancy of thermoplastic polyesters – A review.* Journal of fire science 2004; **22**: 339

[85] Bercaw J. R, *The melt-drip phenomena of apparel.* Fire Technology 1973; **9**: 24

[86] Chen D-Q, Wang Y-Z, Hu X-P, Wang D-Y, Qu M-H, Yang B, *Flame-retardant and anti-dripping effects of a novel char-forming flame retardant for the treatment of poly(ethylene terephthalate) fabrics.* Polymer Degradation and Stability 2005; **88**: 349

[87] Smith W. C, *High performance and high temperature resistant fibers – Emphasis on protective clothes.* http://www. Intexa.com/downloads/hightemp.pdf (consulté le 15-03-2012)

[88] Mera H, Takata T, *High-performance fibers.* Ullmann's Encyclopedia of Industrial Chemistry 2000; **17**: 573

[89] Bourbigot S, Flambard X, *Heat resistance and flammability of high performance fibres: A review.* Fire and Materials 2002; **26**: 155

[90] Bourbigot S, Flambard X, Poutch F, *Study of the thermal degradation of high performance fibres – application to polybenzozale and p-aramid fibres.* Polymer Degradation and Stability 2001; **74**: 283

[91] Bourbigot S, Flambard X, Poutch F, Duquesne S, *Cone calorimeter study of high performance fibres – application to polybenzozale and p-aramid fibres.* Polymer Degradation and Stability 2001; **74**: 481

[92] Garvey S. J, Anand S. C, Rowe T, Horrocks A. R, Walker D, *The effect of fabric structure on the flammability of hybrid viscose blends.* Fire Retardancy of Polymers: The Use of Intumescence. Edited by M. Le Bras, G. Camino, S. Bourbigot and R. Delobel The Royal Society of Chemistry 1998, p.376

[93] Flambard X, Bourbigot S, Ferreira M, Vermeulen B, Poutch F, *Wool/para-aramid fibres blended in spun yarns as heat and fire resistant fabrics.* Polymer Degradation and Stability 2002; **77**: 279

[94] Flambard X, Bourbigot S, Kozlowski R, Muzyczek M, Mieleniak B, Ferreira M, Vermeulen B, Poutch F, *Progress in safety, flame retardant textiles and flexible fire barriers for seats in transportation.* Polymer Degradation and Stability 2005; **88**: 98

[95] Bourbigot S, Flambard X, Ferreira M, *Blends of wool with high performance fibers as heat and fire resistant fabrics.* Journal of Fire Sciences 2002; **20**: 3

[96] Devaux E, Rochery M, Bourbigot S, *Polyurethane/clay and polyurethane/POSS nanocomposites as flame retarded coating for polyester and cotton fabrics.* Fire and Materials 2002; **26**: 149

[97] Drevelle C, Lefebvre J, Duquesne S, Le Bras M, Poutch F, Vouters M, Magniez C, *Thermal and fire behaviour of ammonium polyphosphate/acrylic coated cotton/PESFR fabric.* Polymer Degradation and Stability 2005; **88**: 130

[98] Weil E, *Fire-protective and flame-retardant coatings – A state-of-the-art review.* Journal of Fire Sciences 2011; **29**: 259

[99] Horrocks A. R, Kandola B. K, *Flame retardant cellulosic textiles.* Fire Retardancy of Polymers: The Use of Intumescence. Edited by M. Le Bras, G. Camino, S. Bourbigot and R. Delobel The Royal Society of Chemistry 1998, p.343

[100] Vroman I, Giraud S, Salaün F, Bourbigot S, *Polypropylene fabrics padded with microencapsulated ammonium phosphate: Effect of the shell structure on the thermal stability and fire performance.* Polymer Degradation and Stability 2010; **95**: 1716

[101] Yu L, Zhang S, Liu W, Zhu X, Chen X, Chen X, *Improving the flame retardancy of PET fabric by photo-induced grafting.* Polymer Degradation and Stability 2010; **95**: 1934

[102] Alongi J, Ciobanu M, Malucelli G, *Novel flame retardant finishing systems for cotton fabrics based on phosphorus-containing compounds and silica derived from sol-gel processes.* Carbohydrate Polymers 2011; **85**: 599

[103] Lewin M, Weil E. D, *Mechanisms and modes of action in flame retardancy of polymers.* Fire retardant materials. Edited by A. R. Horrocks and D. Price Woodhead Publishing Limited 2000, p.31

[104] Hoang D. Q, Kim J, Jang B. N, *Synthesis and performance of cyclic phosphorus-containing flame retardants.* Polymer Degradation and Stability 2008; **93**: 2042

[105] Samyn F, Thèse de Doctorat, Université de Lille I 2007

[106] Deo H. T, Patel N. K, Patel B. K, *Eco-friendly flame retardant (FR) Pet fibers through P-N synergism.* Journal of Engineered Fibers and Fabrics 2008; **4**: 23

[107] Granzow A, Cannelongo J. F, *The effect of red phosphorus on the flammability of poly(ethylene terephthalate).* Journal of Applied Polymer Science 1976; **20**: 689

[108] Ban D-M, Wang Y-Z, Yang B, Zhao G-M, *A novel non-dripping oligomeric flame retardant for polyethylene terephthalate.* European Polymer Journal 2004; **40**: 1909

[109] Balabanovich A. I, *The effect of melamine on the combustion and thermal decomposition behaviour of poly(butylene terephthalate).* Polymer Degradation and Stability 2004; **84**: 451

[110] Martin C, Hunt B. J, Ebdon J. R, Ronda J. C, Cadiz V, *Synthesis, crosslinking and flame retardance of polymers of boron-containing difunctional styrenic monomers.* Reactive and Functional Polymers 2006; **66**: 1047

[111] Dogan M, Yilmaz A, Bayramli E, *Synergistic effect of boron containing substances on flame retardancy and thermal stability of intumescent polypropylene composites.* Polymer Degradation and Stability 2010; **95**: 2584

[112] Bonnet J, Bounor-Legaré V, Boisson F, Melis F, Camino G, Cassagnau P, *Phosphorus based organic-inorganic hybrid materials prepared by reactive processing for EVA fire retardancy.* Polymer Degradation and Stability 2012; **97**: 513

[113] Wilkie C. A, Morgan A. B. *Nanocomposites I: Current developments in nanocomposites as novel flame retardants.* Advances in Fire Retardant Materials. Edited by A. R. Horrocks and D. Price Woodhead Publishing Limited 2008, p.95

[114] Georlette P, *Applications of halogen flame retardants.* Fire retardant materials. Edited by A. R. Horrocks and D. Price Woodhead Publishing Limited 2000, p.264

[115] Purser D. *Toxicity of fire retardants in relation to life safety and environmental hazards.* Fire retardant materials. Edited by A. R. Horrocks and D. Price Woodhead Publishing Limited 2000, p.69

[116] Duquesne S, Thèse de Doctorat, Université de Lille I 2001

[117] Bourbigot S, Le Bras M, Delobel R, *Carbonization mechanisms resulting from intumescence association with the ammonium polyphosphate-pentaerythritol fire retardant system.* Carbon 1993; **31**: 1219

[118] Berlin A. A, Khalturinskij N. A, Reshetnikov I. S, Yablokova M. Y, *Some aspects of mechanical stability of intumescent chars.* Fire Retardancy of Polymers: The Use of Intumescence. Edited by M. Le Bras, G. Camino, S. Bourbigot and R. Delobel The Royal Society of Chemistry 1998, p.104

[119] Lewin M, *Physical and mechanical mechanisms of flame retarding of polymers.* Fire Retardancy of Polymers: The Use of Intumescence. Edited by M. Le Bras, G. Camino, S. Bourbigot and R. Delobel The Royal Society of Chemistry 1998, p.3

[120] Ballistreri A, Montaudo G, Puglisi C, Scamporrino E, Vitalini D, *Intumescent flame retardants for polymers. I. The poly(acrylonitrile)-ammonium polyphosphate-hexabromocyclododecane system.* Journal of Applied Polymer Science 1983; **28**: 1743

[121] Laachachi A, Cochez M, Leroy E, Ferriol M, Lopez-Cuesta J. M, *Fire retardant systems in poly(methyl methacrylate): Interactions between metal oxide nanoparticles and phosphinates.* Polymer Degradation and Stability 2007; **92**: 61

[122] Isitman N. A, Kaynak C, *Nanoclay and carbon nanotubes as potential synergists of an organophosphorus flame-retardant in poly(methyl methacrylate).* Polymer Degradation and Stability 2010; **95**: 1523

[123] Modesti M, Lorenzetti A, Besco S, Hrelja D, Semenzato S, Bertani R, Michelin R. A, *Synergism between flame retardant and modified layered silicate on thermal stability and fire behaviour of polyurethane nanocomposite foams.* Polymer Degradation and Stability 2008; **93**: 2166

[124] Gallo E, Braun U, Schartel B, Russo P, Acierno D, *Halogen-free flame retarded poly(butylene terephthalate) (PBT) using metal oxides/PBT nanocomposites in combination with aluminium phosphinate.* Polymer Degradation and Stability 2009; **94**: 1245

[125] Gallo E, Schartel B, Acierno D, Russo P, *Flame retardant biocomposites: Synergism between phosphinate and nanometric metal oxides.* European Polymer Journal 2011; **47**: 1390

[126] Lu H, Wilkie C. A, *Synergistic effect of carbon nanotubes and decabromodiphenyl oxide/Sb_2O_3 in improving the flame retardancy of polystyrene.* Polymer Degradation and Stability 2010; **95**: 564

[127] Chigwada G, Jash P, Jiang D. D, Wilkie C. A, *Fire retardancy of vinyl ester nanocomposites: Synergy with phosphorus-based fire retardants.* Polymer Degradation and Stability 2005; **89**: 85

[128] Vannier A, Duquesne S, Bourbigot S, Castrovinci A, Camino G, Delobel R, *The use of POSS as synergist in intumescent recycled poly(ethylene terephthalate).* Polymer Degradation and Stability 2008; **93**: 818

[129] Vannier A, Duquesne S, Bourbigot S, Alongi J, Camino G, Delobel R, *Investigation of the thermal degradation of PET, zinc phosphinate, OMPOSS and their blends-Identification of the formed species.* Thermochimica Acta 2009; **495**: 155

[130] http://www.plasticseurope.org consulté le 22-03-2012

[131] Knauert S. T, Douglas J. F, Starr F. W, *The effect of nanoparticle shape on polymer-nanocomposite rheology and tensile strength.* Journal of Polymer Science: Part B 2007; **45**: 1882

[132] Giannelis E. P, Krishnamoorti R, Manias E, *Polymer-silicate nanocomposites: model systems for confined polymers and polymer brushes.* Advances in Polymer Science 1999; **138**: 107

[133] Durmus A, Kasgoz A, Macosko C. W, *Linear low density polyethylene (LLDPE)/clay nanocomposites. Part I: Structural characterization and quantifying clay dispersion by melt rheology.* Polymer 2007; **48**: 4492

[134] Owen S. R, Harper J. F, *Mechanical, microscopical and fire retardant studies of ABS polymers.* Polymer Degradation and Stability 1999; **64**: 449

[135] Chiang W-Y, Hu C-H, *The relationship between molecular structure and the effect of coupling agents in flame-retardant ABS blends.* European Polymer Journal 1999; **35**: 1295

[136] Jia L, Li B, Shi B, Zhang H, Lan Y, Zhang X, Wang Y, Wang L, *Quantitative analysis of interfacial tension effect on the impact strength of organic flame retardants and acrylonitrile-butadiene-styrene blends.* Journal of Applied Polymer Science 2012; **124**: 1815

[137] Rusu M, Sofian N, Rusu D, *Mechanical and thermal properties of zinc powder filled high density polyethylene composites.* Polymer Testing 2001; **20**: 409

[138] Kojima Y, Usuki A, Kawasumi M, Okada A, Fukushima Y, Karauchi T, Kamigaito O, *Mechanical properties of nylon-6-clay hybrid.* Journal of Materials Research 1993; **6**: 1185

[139] Alexandre M, Dubois P, *Polymer-layered silicate nanocomposites: preparation, properties and uses of a new class of materials.* Materials Science and Engineering 2000; **28**: 1

[140] Casalini R, Bogoslovov R, Qadri S. B, Roland C. M, *Nanofiller reinforcement of elastomeric polyurea.* Polymer 2012; **53**: 1282

[141] Chang J-H, An Y. U, Kim S. J, Im S, *Poly(butylene terephthalate)/organoclay nanocomposites prepared by in situ interlayer polymerization and its fiber (II).* Polymer 2003; **44**: 5655

[142] Chang J-H, Kim S. J, Im S, *Poly(trimethylene terephthalate) nanocomposite fibers by in situ intercalation polymerization: thermo-mechanical properties and morphology (I)*. Polymer 2004; **45**: 5171

[143] Chang J-H, Kim S. J, Joo Y. L, Im S, *Poly(ethylene terephthalate) nanocomposites by in situ interlayer polymerization: the thermo-mechanical properties and morphology of the hybrid fibers*. Polymer 2004; **45**: 919

[144] *Polyesters thermoplastiques PET et PBT pour injection* (www.techniques-ingenieur.fr, consulté le 04-04-2012)

[145] Pingping Z, Dezhu M, *Study on the double cold crystallization peaks of poly(ethylene terephthalate) 3. The influence of the addition of calcium carbonate (CaCO₃)*. European Polymer Journal 2000; **36**: 2471

[146] McKee M. G, Unal S, Wilkes G. L, Long T. E, *Branched polyesters: recent advances in synthesis and performance*. Progress in Polymer Science 2005; **30**: 507

[147] Samperi F, Puglisi C, Alicata R, Montaudo G, *Thermal degradation of poly(ethylene terephthalate) at the processing temperature*. Polymer Degradation and Stability 2004; **83**: 3

[148] Passalacqua V, Pilati F, Zamboni V, Fortunato B, Manaresi P, *Thermal degradation of poly(butylene terephthalate)*. Polymer 1976; **17**: 1044

[149] Holland B. J, Hay J. N, *The thermal degradation of PET and analogous polyesters measured by thermal analysis-Fourier transform infrared spectroscopy*. Polymer 2002; **43**: 1835

[150] Bikiaris D. N, Karayannidis G. P, *Effect of carboxylic end groups on thermoxidative stability of PET and PBT*. Polymer Degradation and Stability 1999; **63**: 213

[151] Botelho G, Queiros A, Liberal S, Gijsman P, *Studies on thermal and thermo-oxidative degradation of poly(ethylene terephthalate) and poly(butylene terephthalate)*. Polymer Degradation and Stability 2001; **74**: 39

[152] Girija B. G, Sailaja R. R. N, Madras G, *Thermal degradation and mechanical properties of PET blends*. Polymer Degradation and Stability 2005; **90**: 147

[153] Narayan-Sarathy S, Wedler W, Lenz R. W, Kantor S. W, *A novel thermotropic polyester with a flexible side group: synthesis and characterization, as well as rheology of its poly(ethylene terephthalate) blends*. Polymer 1995; **36**: 2467

[154] Du X-H, Wang Y-Z, Chen X-T, Tang X-D, *Properties of phosphorus-containing thermotropic liquid crystal copolyester/poly(ethylene terephthalate) blends*. Polymer Degradation and Stability 2005; **88**: 52

[155] Delimoy D, Goffaux B, Devaux J, Legras R, *Thermal and morphological behaviours of bisphenol A polycarbonate/poly(butylene terephthalate) blends*. Polymer 1995; **36**: 3255

[156] Huang J-W, Wen Y-L, Kang C-C, Yeh M-Y, Wen S-B, *Morphology, melting behavior, and non-isothermal crystallization of poly(butylene*

terephthalate)/poly(ethylene-co-methacrylic acid) blends. Thermochimica Acta 2007; **465**: 48

[157] Deeg M, Bond N, *Process for making polyester blend fiber.* US patent 1988 N° 4755336

[158] Avramova N. V, Avramov I. A, Fakirov S. C, Schultz J. M, *Process of making a blend of PET and PBT.* US patent 1990 N° 4915885

[159] Mishra S. P, Deopura B. L, *Rheological behaviour of poly(ethylene terephthalate) and poly(butylene terephthalate) blends.* Rheologica Acta 1984; **23**: 189

[160] Mishra S. P, Deopura B. L, *Fibers from poly(ethylene terephthalate) and poly(butylene terephthalate) blends I. Mechanical behavior.* Journal of Applied Polymer Science 1987; **33**: 759

[161] Aravinthan G, Kale D. D, *Blends of poly(ethylene terephthalate) and poly(butylene terephthalate).* Journal of Applied Polymer Science 2005; **98**: 75

[162] Avramov I, Avramova N, *Calometric study of poly(ethylene terephthalate)/poly(butylene terephthalate) blends.* Journal of Macromolecular Science Part B: Physics 1991; **30**: 335

[163] Avramova N, *Amorphous poly(ethylene terephthalate)/poly(butylene terephthalate) blends: miscibility and properties.* Polymer 1995; **36**: 801

[164] Yu Y, Choi K-J, *Crystallization in blends of poly(ethylene terephthalate) and poly(butylene terephthalate).* Polymer Engineering and Science 1997; **37**: 91

Chapitre II :
Matières premières, procédés de mise en œuvre et méthodes de caractérisation

I- Matières premières

Cette partie est consacrée aux matériaux employés lors de nos différents travaux. Quatre grandes familles sont à définir : les polymères thermoplastiques, les additifs retardateurs de flammes, les nanocharges et les produits dédiés à l'enduction. Les polymères constituent la base du produit à mettre en œuvre, qu'il soit sous forme de plaque ou de fibres. Les retardateurs de flammes ont pour unique rôle de conférer de bonnes propriétés au feu au matériau. Les nanocharges, quant à elles, sont utilisées pour améliorer davantage la tenue au feu du polymère ignifugé et sont incorporées à de faibles taux de charge. Enfin, les produits utilisés pour l'enduction conditionnent la qualité du revêtement déposé sur le textile.

I.1- Les polymères

I.1.1- Le polyéthylène téréphtalate (PET)

Le PET, polymère thermoplastique qui fera l'objet de l'essentiel de nos études, est fourni par l'entreprise SABIC sous forme de granulés (référence : SABIC® Polyester TC 196). La gamme choisie est dédiée à la mise en œuvre par extrusion pour la production de fibres et de filaments. Les informations concernant ce polymère sont listées dans le tableau ci-dessous (**Tab 1**).

	Unité	Valeurs
Température de fusion	°C	252-258
Viscosité intrinsèque	dl/g	0,65
[-COOH]	µmol/g	15-30
Densité		1,33

Tab 1. Caractéristiques du PET SABIC (données fournisseur)

I.1.2-   Le polybutylène téréphtalate (PBT)

Le PBT sélectionné est produit par l'entreprise INVISTA sous forme de granulés et référencé sous l'appellation PBT 2000. Il est destiné à une transformation par extrusion pour des applications textiles. Le tableau qui suit résume les informations concernant ce thermoplastique (**Tab 2**).

	Unité	Valeurs
Température de fusion	°C	225-230
Viscosité intrinsèque	dl/g	0,80
[-COOH]	µmol/g	50
Densité		1,34

Tab 2.   Caractéristiques du PBT INVISTA (données fournisseur)

I.2- Les retardateurs de flammes

Compte tenu des bonnes propriétés ignifugeantes des phosphinates métalliques, deux produits ont été choisis. Les phosphinates de zinc et les phosphinates d'aluminium ont été fournis par CLARIANT et portent respectivement les noms commerciaux Exolit OP950 et Exolit OP1230. Dans la suite, l'Exolit OP950 sera noté « ZnPi » et l'Exolit OP1230 sera désigné par l'abréviation « AlPi ».

Les données techniques des deux retardateurs de flammes sont regroupées dans le **Tableau 3**. Le taux de phosphore dans l'AlPi est supérieur à celui du ZnPi ce qui présage d'une meilleure ignifugation avec le premier additif. Cependant, son caractère infusible et la taille importante de ses particules sont des paramètres limitants pour la mise en œuvre en voie fondue. Son insertion dans la matrice polymère générerait plus de modifications rhéologiques et mécaniques en comparaison avec le ZnPi qui est fusible. Les différentes propriétés thermiques et morphologiques que présentent les deux phosphinates métalliques nous ont donc semblé intéressantes à étudier lors de la mise en œuvre du PET ignifugé et spécifiquement lors du filage en voie fondue.

	Unité	ZnPi	AlPi
Formule chimique		$[(C_2H_5)_2POO]_2^- Zn^{2+}$	$[(C_2H_5)_2POO]_3^- Al^{3+}$
Taux de phosphore	% (w/w)	19,5-20,5	23,3-24
Taille des particules	µm	Non spécifiée	20-40
Température de fusion	°C	219	Non spécifiée
Densité à 20°C		1,3	1,35

Tab 3. Caractéristiques des phosphinates métalliques étudiés (données fournisseur)

I.3- Les nanocharges

Les nanocharges *Polyhedral Oligomeric SilseSquioxanes* POSS sont commercialisées par HYBRID PLASTICS. Cette famille d'additifs hybrides par sa nature organique/inorganique présente des groupements fonctionnels divers comme mentionné dans le **Chapitre I**. Notre choix s'est porté sur trois types de POSS qui sont les *OctaMethyl* POSS (OM-POSS, **Fig. 1A**), les poly (vinylsilsesquioxanes) également nommés *Fire Quench* POSS (FQ-POSS, **Fig. 1B**) et les *DodecaPhenyl* POSS (DP-POSS, **Fig. 1C**). Les *OctaMethyl* POSS et leurs effets synergiques avec le ZnPi ont été étudiés et commentés dans la littérature [1]. Les *Fire Quench* POSS montrent de bonnes propriétés thermiques et au feu [2]. Finalement, les *DodecaPhenyl* POSS ne sont pas mentionnés dans la littérature pour des aspects d'ignifugation, mais ont été sélectionnés pour leurs groupements phényle qui leurs conféreraient une stabilité thermique avantageuse si l'on considère les températures élevées de mise en œuvre du PET.

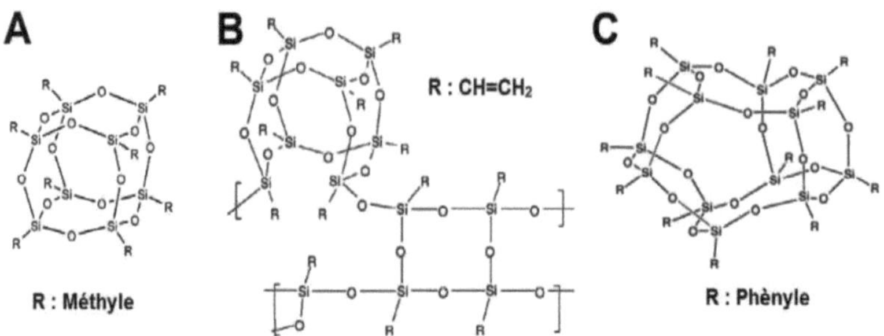

Fig 1.   Formules des POSS (A) OM-POSS, (B) FQ-POSS, (C) DP-POSS

	Unité	OM-POSS	FQ-POSS	DP-POSS
Formule chimique		$C_8H_{24}O_{12}Si_8$	$(C_{16}H_{32}O_6Si_6)_n$	$C_{72}H_{60}O_{18}Si_{12}$
Masse molaire	g/mol	536,96	Variable	1550,26
Température de fusion	°C	>200*	Non spécifiée	313-386
Densité		Non spécifiée	0,98-1	1,29

* Température de sublimation

Tab 4.   Caractéristiques des nanocharges POSS étudiées (données fournisseur)

I.4-   Matériaux utilisés pour l'enduction

Les produits nécessaires à la préparation des enductions sont les suivants :

- La résine polyuréthane, Appertan N5122 liq de CLARIANT, constitue la base du revêtement.

- Le réticulant, Cassurit FF liq M1000 de CLARIANT, assure la réticulation de la résine polyuréthane et l'adhésion du traitement sur le textile après séchage.

- L'épaississant, Appretan 2710 liq de CLARIANT, augmente la viscosité du revêtement le rendant indispensable au procédé d'enduction pour éviter que la formulation ne pénètre dans le textile et qu'elle soit bien répartie sur sa surface.

- L'amidon de SIGMA-ALDRICH est utilisé pour ses propriétés rhéoépaississantes sous la seule action de la chaleur (aucune réaction chimique).

II-Procédés de mise en œuvre

Dans cette partie, nous allons présenter les appareillages utilisés qui nous ont permis de préparer nos formulations ignifugées et de les transformer en plaques, multifilaments, textiles ou textiles enduits. Des variations de paramètres ont été nécessaires pour conduire nos différents travaux (*e.g.* compositions des formulations lors de l'extrusion, profils de températures, débit et étirage lors du filage, contextures lors du tricotage, etc…). Il nous a donc semblé judicieux de ne pas les détailler dans les sections qui suivent mais plutôt avec les études qui y sont liées.

II.1- Extrusion en voie fondue

La préparation des mélanges a été faite par extrusion en voie fondue. L'extrudeuse utilisée, une Thermo Prism PTW-16 de la marque Thermo Haake, comporte deux vis corotatives de longueurs L = 400 mm et de diamètres D = 16 mm, soit un rapport L/D de 25. La vitesse de rotation des vis est réglable et a été fixée à 100 rpm pour tous nos travaux. Cette extrudeuse présente cinq zones de chauffe et les profils de températures sont réglés selon les matériaux à transformer. Ces derniers, sous forme de granulés pour les polymères et de poudre pour les additifs, sont introduits dans l'extrudeuse au niveau de la zone d'alimentation. Le polymère est fondu et mélangé d'une façon homogène aux additifs par cisaillement, nous obtenons alors en sortie d'extrudeuse un jonc. Celui-ci est transporté sur un tapis roulant jusqu'à un granulateur qui permet d'obtenir à nouveau des granulés. Le montage expérimental est illustré ci-dessous (**Fig. 2**).

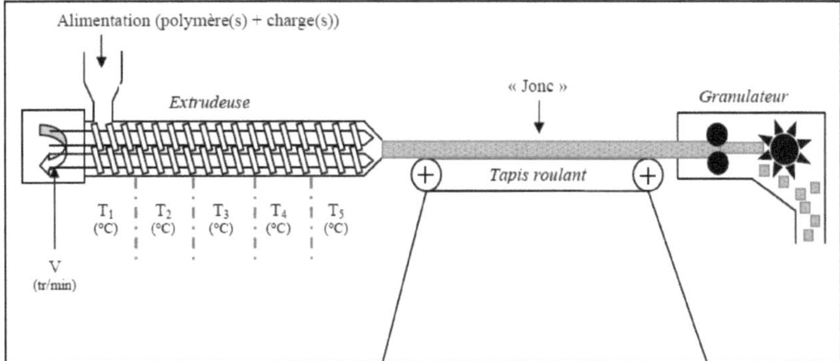

Fig 2.   Procédé d'extrusion/granulation

II.2- Réalisation de plaques

La réalisation des plaques présente plusieurs avantages dont une facilité et une rapidité de mise en œuvre. Cette transformation permet de caractériser les matériaux (*e.g.* propriétés au feu) tout en s'affranchissant des différentes étapes nécessaires pour le développement de matériaux fibreux. Pour ce faire, une presse à plateaux chauffants de la marque Dolouets a été utilisée. Les dimensions des plaques élaborées sont de 10 x 10 cm^2 ; l'épaisseur est choisie selon l'étude menée. Les conditions de mise en œuvre étaient identiques pour toutes les formulations avec une température fixée à 265°C, une pression appliquée de 50 bars et un temps de séjour de 3 min.

II.3- Filage en voie fondue

La mise en œuvre de polymères sous forme fibreuse est effectuée au moyen d'un pilote de filage en voie fondue de marque Spinboy I de chez Busschaert Engineering. La matière première en granulés est introduite par une trémie pour alimenter l'extrudeuse monovis du pilote. Cette extrudeuse possède un rapport L/D égal à 30 et se décompose en deux parties principales : une première avec un L/D de 27,5 et une deuxième appelée tête de sortie avec un L/D de 2,5. La première partie se divise elle-même en trois zones : l'alimentation (L/D = 12), la compression (L/D = 8) et la zone de pompage (L/D = 7,5). Le pilote de filage possède six zones de chauffe (cinq au niveau de l'extrudeuse et une au niveau des filières) dont les profils sont choisis selon les matériaux à transformer. Sous des contraintes thermiques et mécaniques, les granulés fondent et sont transportés jusqu'à la pompe volumétrique (volume de chambre = 3,5 cm^3) dont la vitesse de rotation est préalablement fixée pour assurer un débit de matière constant jusqu'aux filières. Les faisceaux de monofilaments sortis des filières sont refroidis et ensimés pour limiter les effets électrostatiques et assurer une cohésion inter-filaments. Ils sont ensuite entraînés jusqu'au bobinoir en passant par deux rouleaux de vitesses différentes qui appliquent un étirage sur les multifilaments [3]. Le **débit de la pompe** et le **taux d'étirage** conditionnent la finesse des multifilaments développés et leurs propriétés mécaniques. Le principe de filage est schématisé ci-dessous (**Fig. 3**).

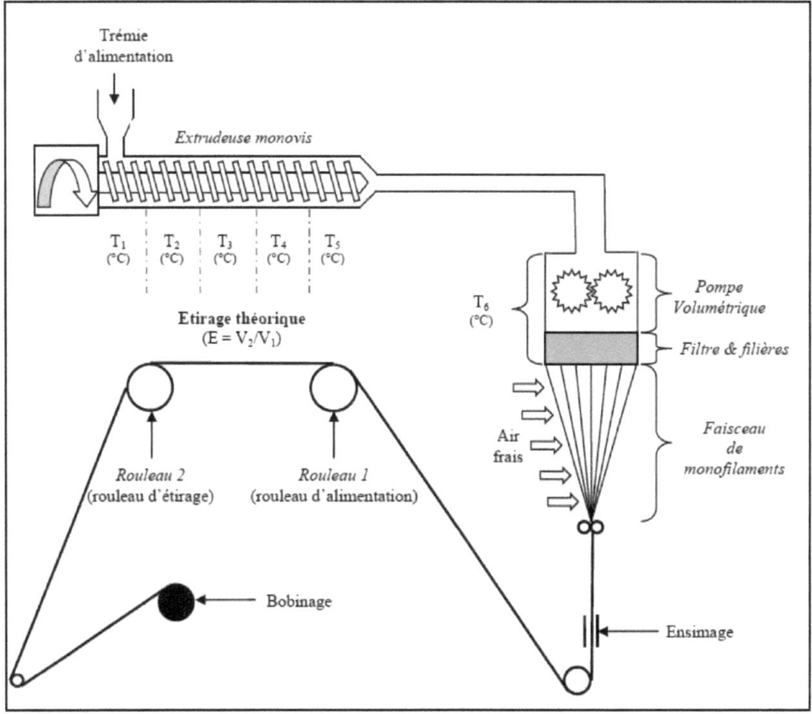

Fig 3.   Procédé de filage en voie fondue

II.4- Réalisation de structures fibreuses

Pour conférer une meilleure cohésion aux multifilaments, une torsion de 25 tours par mètre est appliquée sur ces derniers comme post-traitement du filage. Notre choix s'est porté sur les structures tricotées qui présentent des paramètres structuraux intéressants (*e.g.* épaisseur, densité, drapé,...) et une aisance de production comparativement aux structures tissées ou nontissées. Selon Garvey *et al.* [4], le **grammage** et l'**épaisseur** des structures fibreuses conditionnent leur inflammabilité. Dans cette optique, plusieurs contextures ou schémas de maille (**Fig. 4**) ont été utilisés pour développer des textiles de masses surfaciques et épaisseurs similaires à partir de multifilaments de finesses différentes.

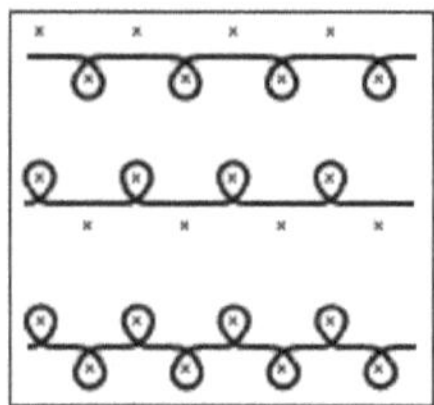

Fig 4.   Exemple d'un schéma de maille (Point de Rome)

II.5- Enduction des textiles

Comme présenté dans l'état de l'art, l'ignifugation des matériaux fibreux peut être obtenue par enduction (application surfacique d'une couche fine d'une résine préalablement ignifugée). Pour ce faire, les différents composés de l'enduction sont prémélangés manuellement, puis à l'aide d'un agitateur de marque ULTRA-TURRAX pendant 2 minutes à 8000 tr/min jusqu'à ce que le mélange devienne homogène. L'enduction est alors appliquée sur les textiles à l'aide de l'appareil K control coater d'Erichsen (**Fig. 5**) avec une tige filetée à spires non jointives qui permet d'obtenir un film déposé d'une épaisseur théorique de 100 µm. Les textiles enduits sont alors chauffés à 150°C pendant 3 minutes pour permettre la réticulation du revêtement et son adhésion à la structure fibreuse.

Fig 5.   Table d'enduction K control coater (Erichsen) [5]

III-   Méthodes de caractérisation

Cette section a pour objectif de présenter les méthodes de caractérisation employées au cours des travaux expérimentaux menés. Les éventuelles variations dans les protocoles décrits ci-dessous seront abordées dans les chapitres dédiés.

III.1-   Analyses morphologiques

L'observation des matériaux (plaques, monofilaments et textiles) s'est faite à l'aide d'un Microscope Electronique à Balayage (MEB) environnemental XL40 de PHILIPS. Grâce aux grossissements très élevés qu'il atteint, allant de x 20 à x 5000, l'utilité de cet instrument est multiple. Le MEB permet de qualifier l'état de dispersion des additifs dans la matrice polymère. Dans le cas des monofilaments, il permet d'analyser leurs aspects de surface, leur régularité ainsi que les effets des additifs sur leurs morphologies. Il permet également de s'assurer de la présence des additifs après la mise en œuvre et à plus forte raison suite au filage en voie fondue où des filtres, disposés au niveau des filières, présentent un risque de bloquer physiquement des agglomérats d'additifs. L'appareil est également doté d'un module d'analyse dispersive en énergie (EDX) qui permet de détecter les éléments chimiques présents dans les échantillons caractérisés. Enfin, en association avec un logiciel libre *ImageJ*, les images MEB permettent de mesurer les diamètres des monofilaments avec une grande précision.

III.2-   Analyses thermiques

III.2.1-   Analyse calorimétrique différentielle à balayage (DSC)

La DSC est utilisée pour déterminer les températures caractéristiques de transitions thermiques des matériaux. Dans le cas des polymères thermoplastiques, les phénomènes les plus courants sont :

-   La température de transition vitreuse (T_g) : les zones amorphes du matériau passent de l'état vitreux à l'état caoutchoutique.

- La température de cristallisation froide (T_{cc}) : cet état ne concerne que certains polymères dont le PET lorsqu'ils ont préalablement subi un refroidissement rapide. Sous une quantité de chaleur suffisante lors d'une montée en température, les chaines macromoléculaires se réarrangent en zones cristallines.

- La température de fusion (T_f) : les zones cristallines se désorganisent et le matériau passe de l'état solide à l'état liquide.

- La température de cristallisation (T_c) : lors d'un refroidissement, une partie des macromolécules s'organise et le matériau passe de l'état liquide à l'état solide.

L'appareil utilisé pour ces caractérisations est le TA 2920 Instruments. Les analyses sont effectuées sous gaz inerte (azote) avec un flux de 50 ml/min ; les vitesses de chauffage et de refroidissement sont fixées à 10°C/min entre 20 et 300°C, seul le premier cycle est étudié. Les échantillons caractérisés ont une masse de 7 ± 0,5 mg et sont placés dans des creusets en aluminium.

III.2.2- Analyse thermogravimétrique (ATG)

Les analyses thermogravimétriques effectuées sur l'appareil TA 2050 Instruments permettent d'évaluer la stabilité thermique des matériaux. La courbe obtenue représente la masse résiduelle du matériau en fonction de la température. Les échantillons caractérisés, placés sur une nacelle en platine, ont une masse de 7 ± 0,5 mg et subissent un chauffage à 10°C/min allant de la température ambiante à 700°C. Deux gaz peuvent être utilisés sous un flux constant de 50 ml/min ; l'air synthétique ou l'azote. Ces derniers conduisent à des dégradations respectivement nommées oxydatives et pyrolytiques, la pyrolyse étant définie comme une dégradation thermique sans oxydation.

Pour observer d'éventuelles baisses ou augmentations de la stabilité thermique d'un mélange de matériaux, la courbe de différence de masses $\Delta(M(T))$ peut être calculée à partir de la différence des masses résiduelles expérimentales et théoriques comme suit [6] :

$$\Delta(M(T)) = M_{\exp}(T) - M_{theo}(T) \qquad \text{Eq. 1}$$

T : température

$M_{\exp}(T)$: masse résiduelle expérimentale du mélange à la température T

$M_{theo}(T)$: masse résiduelle théorique du mélange à la température T. Elle est calculée par combinaison linéaire des masses résiduelles expérimentales des différents composés du mélange en fonction de la température, pondérées par leur concentration :

$$M_{theo}(T) = \sum_Y Wt\%_Y \times M_{\exp}(T)_{[Y]} / 100 \quad \text{Eq. 2}$$

$Wt\%_Y$: taux massique du produit Y dans le mélange

$M_{\exp}(T)_{[Y]}$: masse résiduelle du produit Y à la température T

III.3-   Analyses rhéologiques

Les mesures rhéologiques ont été effectuées à l'aide d'un rhéomètre plan-plan rotatif en cisaillement AR2000 de TA Instruments. Ces expériences permettent de quantifier l'influence des additifs sur les propriétés rhéologiques du matériau ainsi que les effets engendrés lors de mélanges de polymères. Afin de demeurer dans le domaine viscoélastique linéaire des matériaux caractérisés, les paramètres d'oscillation ont été fixés à une déformation de 1 % et une fréquence de 1 Hz. Les viscosités complexes sont alors obtenues en fonction de la température.

III.4-   Analyses mécaniques

Des caractérisations mécaniques on été menées pour évaluer les propriétés des fibres développées qu'elles soient sous forme de mono ou multifilaments. Les sections des échantillons sont préalablement calculées en partant des diamètres relevées à l'aide des images MEB. A noter qu'une vérification des diamètres a été conduite à l'aide d'un

Vibroskop de Zweigle (selon la norme NF G 07-306) qui permet de mesurer la finesse des monofilaments en tex (g/km). Les sections sont calculées comme suit :

$$S_{mono} = (D^2 \times \pi) / 4 \qquad \text{Eq. 3}$$

$$S_{multi} = S_{mono} \times n \qquad \text{Eq. 4}$$

D : diamètre d'un monofilament

S_{mono} : section d'un monofilament

n : nombre de monofilaments

S_{multi} : section d'un multifilaments

Les mesures des propriétés mécaniques des monofilaments ont été réalisées sur un banc de traction ZWICK 1456. Le capteur de force utilisé est de 10 N. La longueur entre les mâchoires est de 20 mm, la vitesse de traction est de 20 mm/min. Les multifilaments, quant à eux, ont été caractérisés sur un banc de traction MTS 2/M. Le capteur de force utilisé est de 1 kN. La longueur entre les mâchoires est de 250 mm, la vitesse de traction est de 250 mm/min.

Quelle que soit la machine utilisée, les tests ont été menés sous une atmosphère standard (température de 20 ± 2°C, humidité relative de 65 ± 5 %) et les résultats représentent une valeur moyenne obtenue sur trente essais.

III.5- Caractérisations au feu

III.5.1- Test UL 94

Le test UL 94 [7] permet de caractériser le comportement d'un matériau soumis à une flamme et de mettre en évidence son éventuel effet de gouttage. Le test s'effectue sur une série de cinq échantillons qui sont suspendus à un support et enflammés par le bas avec une flamme bleue de bec bunsen de 20 mm de hauteur. La flamme est appliquée pendant 10 s et le temps t_1 pendant lequel la flamme persiste est noté. L'opération est renouvelée, et l'on note alors le temps t_2. Les échantillons, sous forme textile et de dimensions 125 x 13 x 2 mm^3, ne sont pas rigides ce qui nous a contraint à mener les tests en vertical selon la norme IEC 60695-11-10. Dans certains cas, l'application de la flamme a entraîné des effets de gouttage, l'axe longitudinal du bec bunsen a été donc incliné de 45° pour éviter le chemin des gouttes. Le tableau ci-dessous (**Tab 5**) regroupe les critères appliqués pour établir le classement.

Critères	V-0	V-1	V-2
Temps de post-combustion pour chaque échantillon t_1 ou t_2	≤ 10 s	≤ 30 s	≤ 30 s
Somme des temps de post-combustion des 5 échantillons ($\sum t_1 + \sum t_2$)	≤ 50 s	≤ 250 s	≤ 250 s
Somme du temps de post-combustion et de post-incandescence après la 2ème inflammation pour les 5 échantillons ($\sum t_1 + \sum t_2$)	≤ 30 s	≤ 60 s	≤ 60 s
Combustion ou post incandescence de la totalité de l'échantillon	non	non	non
Inflammation du coton par chutes de gouttes ou de particules enflammées	non	non	oui

Tab 5. Critères de classement des matériaux au test UL 94

III.5.2- Cône calorimètre

Le cône calorimètre à consommation d'oxygène est l'outil que nous avons utilisé pour caractériser un autre aspect des propriétés au feu de nos matériaux. En effet, l'appareil permet à la fois une qualification et une quantification des phénomènes liés au feu (inflammation, combustion, fumées,...) dans les conditions d'une combustion dans une pièce parfaitement ventilée. Un cône chauffant (**Fig. 6**) soumet le matériau à un flux de chaleur d'intensité préalablement fixée. L'ignition de l'échantillon est forcée à l'aide d'une électrode. Lors de sa combustion, le matériau dégage une quantité de chaleur spécifique à sa nature, cette dernière étant relevée par le cône calorimètre par unité de surface et de temps et étant désignée par l'acronyme RHR (Rate of Heat Release). Selon Babraukas, concepteur du cône calorimètre, le RHR est le paramètre les plus important à prendre en compte lors de la combustion d'un matériau [8]. La pertinence et la diversité des résultats fournis par l'appareil (temps d'ignition, pic RHR, quantité totale de chaleur dégagée, quantités totales de monoxyde de carbone et de dioxyde de carbone dégagées...) expliquent sa grande sollicitation par la communauté scientifique s'intéressant au domaine du feu. Ainsi, les propriétés au feu de la plupart des matériaux, dont les structures fibreuses [9], sont caractérisées à l'aide du cône calorimètre.

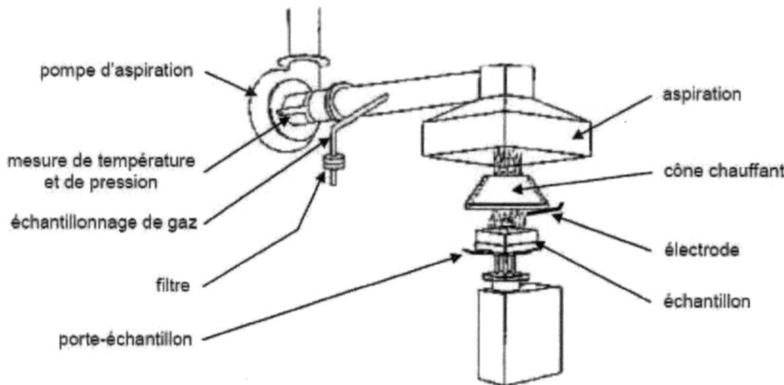

Fig 6.   Représentation schématique du cône calorimètre

Les échantillons, plaques ou structures tricotées, ont une surface de 100 cm² (10 x 10 cm²) et sont caractérisés suivant la norme ISO 5660. Le flux de chaleur du cône chauffant, fixé à 25 kW/m², est choisi conformément aux spécifications liées à la norme XP CEN/TS 45545-2 relatives aux textiles de recouvrement. Trois essais ont été faits pour chaque référence. Selon la norme ISO 5660, les textiles sont considérés comme dimensionnellement instables et doivent être maintenus avec une grille métallique pour éviter qu'ils s'enroulent sur eux-mêmes durant les manipulations. Dans un souci de cohérence dans nos études comparatives, la grille a également été utilisée dans certains de nos essais sur plaques. Les principaux paramètres que nous avons pris en compte lors de nos caractérisations sont :

- le temps d'ignition (t_{ign}) en secondes
- le débit calorifique (**RHR**) et son pic (**PRHR** : Peak of RHR) en kW/m²
- la quantité totale de chaleur dégagée (**THE** : Total Heat Evolved) en MJ/m²
- la quantité totale de fumées dégagées (**TSR** : Total Smoke Released) sans unité. Ce paramètre traduit la quantité de fumée produite en m² par 1 m² d'échantillon
- le volume total des fumées produites (**TSV** : Total Smoke Volume) en m³
- la quantité totale de CO dégagé (**TCO**) en ppm et de CO_2 dégagé (**TCO₂**) en %

- la masse résiduelle après combustion en %
- la chaleur effective de combustion (**EHC**) en MJ/m²/g et qui correspond au rapport entre le THE et la masse consumée
- le taux moyen d'émission de chaleur en fonction du temps (**ARHE**, Eq. 5) et son maximum (**MARHE**) en kW/m²

$$ARHE(t_n) = \frac{\sum_{2}^{n}\left[(t_n - t_{n-1}) \times \frac{\dot{q}_n + \dot{q}_{n-1}}{2}\right]}{t_n - t_0} \qquad \text{Eq. 5}$$

t_0 : temps initial

t_n : temps

$\dot{q}_n$: taux d'émission de chaleur à l'instant t_n

III.5.3- Mesures d'opacité et de toxicité des fumées

Les fumées dégagées lors de la combustion des matériaux sont caractérisées à l'aide d'une chambre à fumées suivant la norme ISO 5659-2. Les échantillons d'une surface de 7,5 x 7,5 cm² sont positionnés horizontalement en dessous d'un cône radiant et sont exposés à un flux de 25 kW/m² accompagné d'une flamme pilote (**Fig. 7**) selon la norme XP CEN/TS 45545-2. Les effluents sont accumulés durant 20 minutes dans la chambre. La densité optique est mesurée sans interruption par un système photométrique. La toxicité des effluents est déterminée par spectrométrie IRTF à 4 et 8 minutes après le début de l'essai.

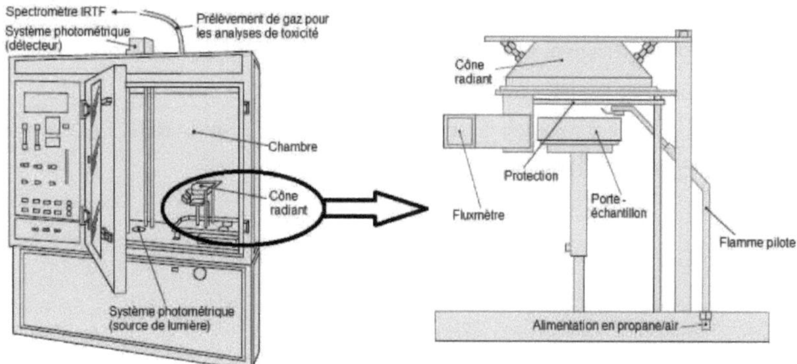

Fig 7.   Représentation schématique de la chambre à fumées

Basée sur la mesure de la transmission de la lumière, la densité optique (**D_s**) est calculée en fonction du temps (Eq. 6). La valeur maximale $D_s(t)$ au cours des 20 minutes d'essai, $D_s(max)$, est alors obtenue.

$$D_s(t) = 132 \text{ x} \log \frac{100}{T(t)} \qquad \text{Eq. 6}$$

$T(t)$: transmission de la lumière en fonction du temps

132 : facteur résultant du volume de la chambre, du chemin parcouru par le faisceau de lumière et de la surface exposée de l'échantillon

Le prélèvement des gaz à l'intérieur de la chambre est effectué à 4 et 8 minutes du début de la caractérisation. Huit composés sont analysés qualitativement et quantitativement (CO_2, CO, HBr, HCl, HCN, HF, NO_x et SO_2). L'évaluation de la toxicité des fumées est basée sur l'indice de toxicité conventionnel (**ITC**, Eq. 7). Selon la norme, l'ITC le plus important entre 4 et 8 minutes est celui qui est pris en compte pour la classification du matériau testé.

$$ITC = 0{,}0805 \text{ x} \sum\nolimits_{i=1}^{8} \frac{C_{i,chambre}}{C_{i,référence}} \qquad \text{Eq. 7}$$

0,085 : constante indiquée dans la norme XP CEN/TS 45545-2

$C_{i,chambre}$: concentration du composé i dans la chambre à 4 ou 8 minutes

$C_{i,référence}$: concentration référence du composé i d'après la norme XP CEN/TS 45545-2

III.6- Mesures des énergies de surface

Avant d'entamer les caractérisations des énergies de surface, les matériaux ont été transformés en pastilles à l'aide d'une presse chauffante. L'énergie de surface d'un solide γ_S comprend une composante dispersive γ_S^d et polaire γ_S^p (Eq. 8) [10]. Ces paramètres sont déterminés en mesurant les angles de contact Θ (**Fig. 8**) des matériaux avec deux liquides différents, l'eau et le diiodométhane, respectivement polaire et apolaire.

Les mesures d'angle de contact ont été réalisées à l'aide du Digidrop de chez GBX. Une goutte de liquide est déposée à la surface du solide à caractériser grâce à une seringue. L'appareil est équipé d'une caméra permettant d'obtenir une image numérique de la goutte déposée. Les extrémités et le sommet de la calotte sphérique de la goutte sont ainsi déterminés ce qui permet au logiciel de calculer automatiquement l'angle de contact Θ.

$$\gamma_S = \gamma_S^d + \gamma_S^p \qquad \text{Eq. 8}$$

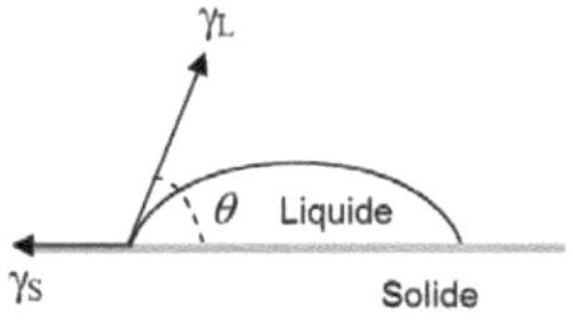

Fig 8.   Schématisation de l'angle de contact

Une fois les angles de contacts mesurés, nous nous sommes basés sur le modèle de Wu [11] pour calculer les énergies de surface des solides (Eq. 9).

$$\gamma_L (1 + \cos\theta) = \frac{4\gamma_S^d \gamma_L^d}{\gamma_S^d + \gamma_L^d} + \frac{4\gamma_S^p \gamma_L^p}{\gamma_S^p + \gamma_L^p} \qquad \text{Eq. 9}$$

γ_L : tension de surface du liquide (eau ou diiodométhane) préalablement mesurée par la méthode de Wilhelmy [10] à l'aide d'un tensiomètre (**Tab 6**)

γ^d : énergie dispersive du solide S ou du liquide L

γ^p : énergie polaire du solide S ou du liquide L

	Eau	Diiodométhane
γ^d	21,6	48,5
γ^p	51	2,3
γ_L	72,6	50,8

Tab 6.   Tensions de surface des solvants (exprimées en N/m)

En vue de caractériser les interactions physiques entre deux matériaux, les modèles de Wu [12] et Rowe [13] ont été suivis pour calculer respectivement l'énergie interfaciale γ_{1-2} (Eq. 10) et le travail d'adhésion W_{1-2} (Eq. 11).

$$\gamma_{1-2} = \gamma_1 + \gamma_2 - 2\sqrt{\gamma_1^d \gamma_2^d} - 2\sqrt{\gamma_1^p \gamma_2^p} \qquad \text{Eq. 10}$$

$$W_{1-2} = 4\left(\frac{\gamma_1^d \gamma_2^d}{\gamma_1^d + \gamma_2^d} + \frac{\gamma_1^p \gamma_2^p}{\gamma_1^p + \gamma_2^p}\right) \qquad \text{Eq. 11}$$

III.7-   Analyses physiques « sensorielles »

Le paramètre de rugosité a été exclusivement caractérisé sur des structures fibreuses à l'aide de l'appareil Universal Surface Tester de chez INNOWEP. Le principe des caractérisations se résume à l'application sans contraintes d'un palpeur simulant le toucher du doigt humain sur le matériau ; un profil de surface est alors tracé par l'appareil. Par la suite, la ligne moyenne de la courbe doit être retrouvée de telle sorte que l'aire supérieure (S+) soit égale à l'aire inférieure (S-) (**Fig. 9**). Le paramètre de rugosité $\mathbf{R_a}$, exprimé en µm, est alors calculé (Eq. 12) pour des échantillons de dimensions 4 x 4 cm². Le palpeur utilisé lors de nos mesures est une boule en acier de 5 mm de diamètre et trois mesures ont été effectuées pour chaque référence.

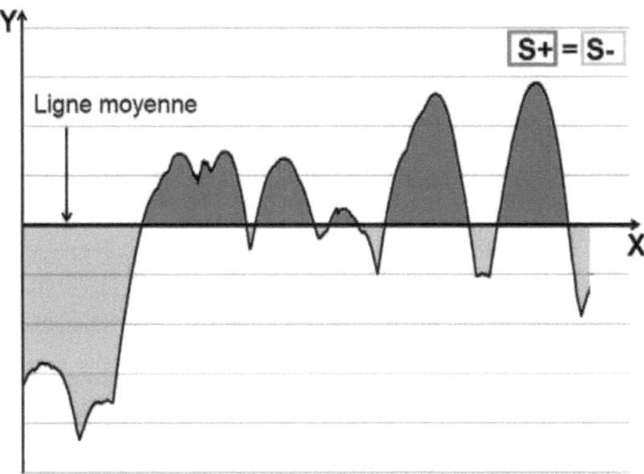

Fig 9.   Illustration d'une ligne moyenne

$$R_a = \frac{1}{n}\sum_{i=1}^{n}|y_i| \qquad \text{Eq. 12}$$

n : longueur caractérisée, dans notre cas 15 mm

y_i : hauteur du matériau à x_i

Bibliographie :

[1] Vannier A, Duquesne S, Bourbigot S, Castrovinci A, Camino G, Delobel R, *The use of POSS as synergist in intumescent recycled poly(ethylene terephthalate)*. Polymer Degradation and Stability 2008; **93**: 818

[2] Bourbigot S, Turf T, Bellayer S, Duquesne S, *Polyhedral oligomeric silsesquioxane as flame retardant for thermoplastic polyurethane*. Polymer Degradation and Stability 2009; **94**: 1230

[3] Rault F, Thèse de Doctorat, Université de Valenciennes et du Hainaut-Cambrésis 2008

[4] Garvey S. J, Anand S. C, Rowe T, Horrocks A. R, Walker D. *The effect of fabric structure on the flammability of hybrid viscose blends*. Fire Retardancy of Polymers: The Use of Intumescence. Edited by M. Le Bras, G. Camino, S. Bourbigot and R. Delobel The Royal Society of Chemistry 1998, p.376

[5] Giraud S, Thèse de Doctorat, Université de Lille I 2002

[6] Solarski S, Thèse de Doctorat, Université de Lille I 2006

[7] Vannier A, Thèse de Doctorat, Université de Lille I 2008

[8] Babrauskas V, Peacock R. D, *Heat Release Rate: The single most important variable in fire hazard*. Fire Safety Journal 1992; **18**: 255

[9] Nazaré S, Kandola B, Horrocks A. R, *Use of cone calorimetry to quantify the burning hazard of apparel fabrics*. Fire and Materials 2002; **26**: 191

[10] Leroux F, Thèse de Doctorat, Université de Valenciennes et du Hainaut-Cambrésis 2007

[11] Wu S, *Polar and non-polar interaction in adhesion*. Journal of Adhesion 1973; **5**: 39

[12] Wu S. *Surface and interfacial tensions of polymers, oligomers, plasticizers, and organic pigments*. Polymer Handbook (4th edition). Edited by J. Brandrup, E. H. Immergut and E. A. Grulke John Wiley and Sons Inc 1999, p. 521

[13] Rowe R. C, *Binder-substrate interactions in granulation: A theoretical approach based on surface free energy and polarity*. International Journal of Pharmaceutics 1989; **52**: 149

Chapitre III :
Développement et étude de systèmes ignifugés à faibles taux de charges

Préambule

Dans ce chapitre, nous nous intéresserons à la caractérisation de différents systèmes ignifugés à base de PET contenant un faible taux de charges (fraction massique d'additifs égale à 10 %). Dans un premier temps, nous étudierons un mélange synergique mis sous forme fibreuse. Ce dernier est issu de la littérature et comprend du ZnPi et des nanoparticules OM-POSS. L'aspect de synergie entre ces deux additifs et les différents paramètres qui l'influencent seront étudiés davantage dans une section indépendante. Par la suite, nous commenterons une étude comparative menée sur des systèmes ignifugés contenant des nanoparticules POSS de natures distinctes. Finalement, nous caractériserons des structures fibreuses ignifugées à base de mélanges AlPi et différents POSS.

I- Système ignifugé à base du mélange ZnPi/OM-POSS

L'étude qui suit aborde le développement de matériaux fibreux en PET (multifilaments et structures tricotées) affichant de bonnes propriétés au feu. La microscopie électronique a été utilisée pour examiner la morphologie des fibres. Ces dernières ont été employées pour produire des structures textiles que nous avons caractérisées au cône calorimètre afin d'analyser leur comportement au feu. La stabilité thermique des matériaux a été également étudiée pour tenter de comprendre leur mécanisme d'action au feu. Finalement, les fumées dégagées pendant la combustion ont été caractérisées pour évaluer leur opacité et toxicité.

I.1- Matériaux et mise en œuvre

Le PET, le ZnPi et les OM-POSS, décrits dans le **Chapitre II**, ont été étuvés à 80°C pendant 12 h avant l'étape d'extrusion. Les formulations ont été transformées en granulés avec une teneur en charges de 20 % en masse (**Tab 1**). Suivant ce profil de température : 260°C/260°C/258°C/254°C/248°C.

Désignation	Granulés		Multifilaments		
	PET-ZnPi 20	PET-ZnPi-OM 18-2	PET	PET-ZnPi 10	PET-ZnPi-OM 9-1
PET (wt.%)	80	80	100	90	90
ZnPi (wt.%)	20	18	0	10	9
OM-POSS (wt.%)	0	2	0	0	1

Tab 1. Formulations des granulés extrudés et des multifilaments développés

Pour le filage en voie fondue, les granulés chargés ont été dilués avec du PET vierge pour atteindre les teneurs visées en additifs (**Tab 1**). Les finesses des multifilaments sont proportionnelles au débit de la pompe et au taux d'étirage. Par conséquent, le profil A (**Tab 2**) a été choisi pour concevoir les fibres dédiées au tricotage afin d'obtenir le même grammage pour les structures textiles. La contexture point de Rome a été sélectionnée pour développer nos matériaux. Cette structure est la plus appropriée aux conditions du calorimètre à cône grâce à ses paramètres structuraux (épaisseur, densité, etc…). Tous les textiles conçus ont un grammage de 1500 ± 50 g/m² et une épaisseur identique de 2 mm.

	Température des filières (°C)	Débit de la pompe (cm³/min)	Rouleau 1		Rouleau 2	
			(°C)	(m/min)	(°C)	(m/min)
Profil A	260	66,5	100	200	120	600
Profil B	260	66,5	100	200	120	800
Profil C	260	66,5	100	200	120	850
Profil D	260	66,5	100	200	120	1050

Tab 2. Paramètres de filage

I.2- Caractérisation des matériaux

I.2.1- Analyse de la morphologie

La **Figure 1** présente les images MEB des multifilaments chargés PET-ZnPi 10 et PET-ZnPi-OM 9-1. D'après le cliché **Fig. 1a**, nous notons une immiscibilité du ZnPi dans la matrice PET bien qu'il y soit bien dispersé ; l'aspect « allongé » de l'additif est dû à l'étape d'étirage. Les monofilaments PET-ZnPi 10 montrent une bonne régularité avec une forme cylindrique contrairement aux monofilaments PET-ZnPi-OM 9-1. Ces derniers présentent une surface bosselée et des points blancs respectivement visibles dans les **Fig. 1b** et **1c**. Des analyses EDX menées sur la partie encerclée de la photographie **c** montrent la présence de silicium, élément qui se trouve uniquement dans les nanoparticules OM-POSS. Nous pouvons alors présumer que l'ajout des OM-POSS à 1 % en masse affecte la régularité des monofilaments en raison de leur faible dispersion et leur tendance à former des agrégats.

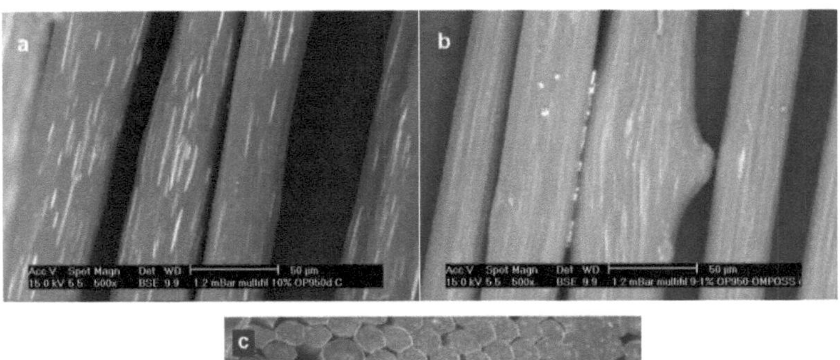

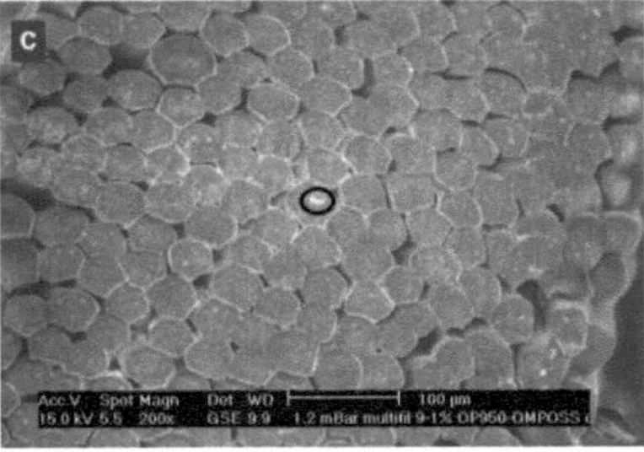

Fig 1. Microscopie électronique à balayage des multifilaments (a) PET-ZnPi 10 ;   (b) PET-ZnPi-OM 9-1 ; (c) PET-ZnPi-OM 9-1 vue en coupe

I.2.2-   Analyse des propriétés mécaniques

Les influences de l'incorporation de charges et du taux d'étirage sur les propriétés mécaniques des fibres ont été étudiées dans cette section. L'étirage maximal est déterminé lorsque le rouleau 2 du pilote de filage atteint une vitesse au-dessus de laquelle des monofilaments commencent à casser. Ainsi, l'étirage maximal pour la formulation contenant 10 wt.% de phosphinates de zinc a été obtenu suivant le profil C (**Tab 2**) alors que le profil B était plus adapté pour le mélange contenant 1 wt.% d'OM-POSS. Le polymère vierge, quant à lui, a été étiré suivant le profil D. Les multifilaments développés avec le taux d'étirage maximal sont respectivement désignés par PET *D*, PET-ZnPi 10 *D* et PET-ZnPi-OM 9-1 *D*. Les caractérisations mécaniques effectuées sur des monofilaments avec le banc de traction Zwick sont résumées dans le **Tableau 3**.

	Diamètre des monofilaments (µm)	Force à la rupture (cN)	Allongement à la rupture (%)	Module (MPa)
PET	40 ± 4	31 ± 6	87 ± 7	400 ± 75
PET *D*	31 ± 3	43 ± 5	33 ± 6	987 ± 113
PET-ZnPi 10	40 ± 3	23 ± 5	79 ± 26	455 ± 95
PET-ZnPi 10 *D*	35 ± 3	29 ± 6	55 ± 18	538 ± 150
PET-ZnPi-OM 9-1	42 ± 5	28 ± 5	86 ± 15	57 ± 8
PET-ZnPi-OM 9-1 *D*	37 ± 4	32 ± 4	57 ± 8	143 ± 77

Tab 3.   Propriétés mécaniques des monofilaments

L'incorporation du ZnPi dans le PET n'a pas d'influence sur la finesse des fibres (40 µm) montrant ainsi une bonne dispersion des phosphinates de zinc dans la matrice. Cependant, l'additif affecte la force à la rupture des monofilaments. On remarque une baisse de 31 cN à 23 cN entre le PET et le PET-ZnPi 10. L'allongement à la rupture est légèrement diminué avec un écart-type plus élevé pour les monofilaments chargés qui est probablement relié à l'immiscibilité du mélange. Concernant les monofilaments PET-ZnPi-OM 9-1, la présence des nanoparticules silicatées améliore la force à la rupture des monofilaments passant de 23 cN pour le PET-ZnPi 10 à 28 cN. L'allongement à la rupture est quasiment égal à celui du PET bien que l'écart-type soit plus grand. L'ajout de 1 wt.% d'OM-POSS baisse considérablement le module d'Young du matériau, ce dernier gagnant en élasticité. Ces observations concordent avec les résultats de Zeng *et al.* [1] où des fibres de PET contenant des PDI-POSS (*1,2-PropaneDiolIsobutyl* POSS) à 5 wt.% ont été mises en œuvre. L'incorporation des nanocharges a remarquablement fait baisser le module des fibres en comparaison avec celui du PET vierge. Les auteurs ont expliqué ce phénomène par la faible compatibilité entre la matrice polymère et les agglomérats d'additif.

L'étirage des multifilaments conduit à des résultats prévisibles comme la réduction des diamètres, l'augmentation des forces à la rupture et la baisse des taux d'allongement. Cette étape augmente la cristallinité du polymère en conférant une orientation axiale à ses chaines macromoléculaires ; les propriétés mécaniques des monofilaments sont alors améliorées. Il est intéressant de noter que le PET présente l'étirage le plus élevé avec une vitesse du rouleau 2 atteignant 1050 m/min (**Tab 2**) qui est réduite dès lors que des charges sont insérées dans la matrice polymère.

I.2.3-   Analyse de la stabilité thermique

Les **Figures 2** et **3** montrent les courbes thermogravimétriques des additifs et des multifilaments respectivement sous air et sous azote. La dégradation thermo-oxydative du ZnPi commence à 360°C où l'additif perd 5 % de sa masse initiale par oxydation du phosphore, la présence d'un plateau révèle la stabilisation du matériau entre 430 et 470°C qui est expliqué dans la littérature par la formation d'espèces aromatiques phosphocarbonées [2]. Le matériau subit ensuite une seconde étape de dégradation jusqu'à 550°C qui mène à une masse résiduelle d'environ 50 % constituée d'éléments phosphorés en phase condensée comme les phosphonates et les phosphates. La décomposition pyrolytique de l'additif phosphoré se déroule en une phase unique entre 420°C et 525°C, l'absence d'oxygène entraine un mécanisme de dégradation différent où les phosphinates se convertiraient en phosphonates, phosphates, pyrophosphates et polyphophates avec en parallèle un dégagement de phosphines [2]. Seule 7 % de masse résiduelle subsiste à de très hautes températures. Les courbes de dégradation des OM-POSS, sous air ou azote, sont similaires et ont le même aspect. Les nanocharges perdent 5 % de leur masse initiale aux alentours de 215°C. On observe ensuite une chute abrupte jusqu'à 280°C avec une perte de masse approximative de 90 % liée à la casse des cages de POSS et la volatilisation des espèces organiques. Au-dessus de 450°C, la masse résiduelle de l'additif silicaté est d'environ 3 % quelque soit le gaz employé, ce résidu est identifié dans la littérature comme de la silice (SiO_2) amorphe [3].

Les dégradations thermiques des multifilaments vierges et chargés sont différentes selon l'atmosphère utilisée. Sous azote, tous les matériaux se dégradent en une seule étape. Les multifilaments PET-ZnPi 10 et PET-ZnPi-OM 9-1 se décomposent à partir de 390°C jusqu'à 470°C avec 13 % de masse restante alors que le PET vierge semble légèrement plus stable avec une plage de dégradation entre 400 et 480°C et 16 % de masse résiduelle. La présence de l'agent phosphoré catalyse la décomposition de la matrice ce qui explique sa dégradation légèrement anticipée. La dégradation thermo-oxydative des multifilaments de PET se déroule en deux étapes. Le matériau entame sa décomposition à 360°C jusqu'à 470°C par des scissions dans ses sections aliphatiques. S'en suit la formation d'un résidu qui ralentit la dégradation du matériau et qui est composé selon la littérature d'espèces moins volatiles telles que l'acide téréphtalique ou l'acide benzoïque [2]. Le résidu ne résiste pas à des températures supérieures à 570°C avec une masse résiduelle nulle. Les multifilaments chargés montrent des profils de dégradation similaires avec une formation de résidus aux environs de 460°C. Ces derniers sont thermiquement plus stables que celui du PET puisqu'ils présentent 4 % de masse restante pour les multifilaments PET-ZnPi 10 et PET-ZnPi-OM 9-1 probablement due aux réactions de réticulations favorisées par le phosphore.

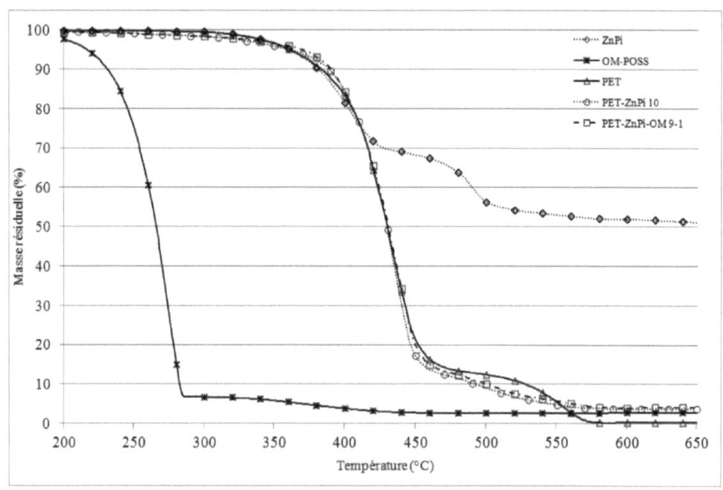

Fig 2.   Courbes thermogravimétriques des additifs et des multifilaments sous air (cinétique de chauffage : 10°C/min)

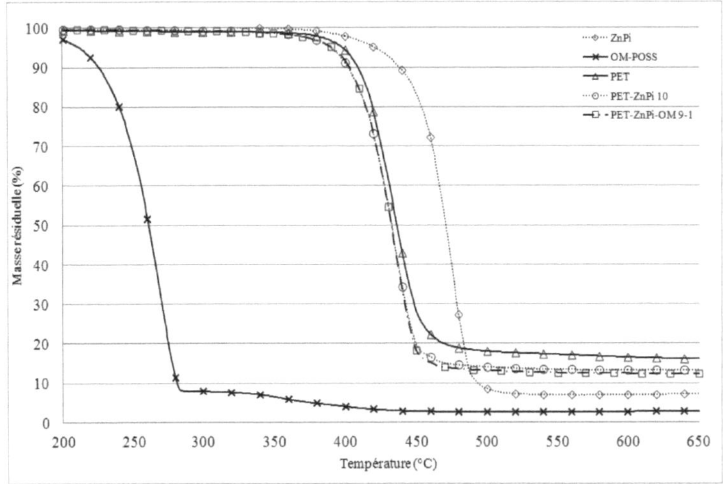

Fig 3.   Courbes thermogravimétriques des additifs et des multifilaments sous azote (cinétique de chauffage : 10°C/min)

L'influence des charges ZnPi et OM-POSS sur la stabilité thermique du PET est visible à travers les courbes de différence de masse (**Fig. 4**). Sous atmosphère inerte, la présence du ZnPi dans le PET déstabilise le thermoplastique sur toute la plage de température 350-650°C montrant que les phosphinates amorcent la dégradation du polymère. Bourbigot *et al.* [4] ont obtenu des résultats comparables en incorporant des *Fire Quench* POSS (FQ-POSS) dans une résine PU. Les courbes de différence de masses sont négatives indiquant, d'après les auteurs, la déstabilisation de la résine par les FQ-POSS durant la dégradation. Cependant, l'incorporation des nanoparticules a amélioré les propriétés au feu du système. Comparativement au PET-ZnPi 10, la présence des OM-POSS a légèrement augmenté la stabilité thermique du mélange jusqu'à 430°C mais l'affecte à de hautes températures. A noter que la différence entre les deux courbes n'excède jamais 1 % de $\Delta(M(T))$. Les courbes de différence de masse sous air révèlent une faible stabilisation du PET-ZnPi 10 entre 360 et 420°C suivie d'une déstabilisation jusqu'à 650°C.

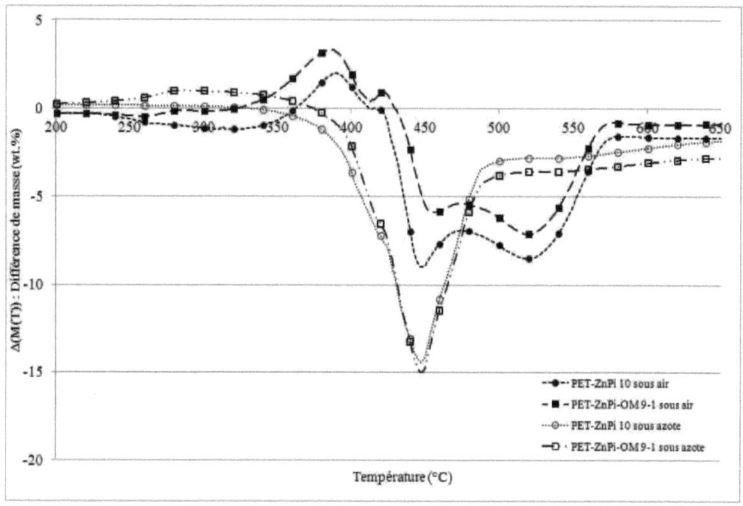

Fig 4. Influence des charges ZnPi et OM-POSS sur la stabilité thermique du PET (Atmosphère : air ou azote ; cinétique de chauffage : 10°C/min)

I.2.4- Analyse des propriétés au feu

Les données rassemblées après les caractérisations au cône se trouvent dans le **Tableau 4**, la **Figure 5** montre les courbes RHR des structures tricotées obtenues à partir des multifilaments PET, PET-ZnPi 10 et PET-ZnPi-OM 9-1.

L'ajout de 10 wt.% de phosphinates de zinc au PET baisse significativement le PRHR de 383 kW/m² à 218 kW/m², soit une réduction de 43 % entre les matériaux PET et PET-ZnPi 10. Le tricot PET-ZnPi-OM 9-1 montre une ignition légèrement retardée (190 s), mais les OM-POSS semblent avoir une influence négative sur le comportement au feu de la structure fibreuse avec un PRHR plus élevé (312 kW/m²) que celui du textile contenant du ZnPi seulement. Nous observons également que la quantité totale de chaleur dégagée (THE) est divisée par deux entre les structures PET-ZnPi 10 et PET mais la diminution est moindre en présence de 1% de nanocharges. Les valeurs du MAHRE montrent la même tendance, l'incorporation du ZnPi à 10% en masse le réduit de 46% alors que la substitution de 1 wt.% de charges phosphorées par des charges silicatées donne un MAHRE de 40 kW/m².

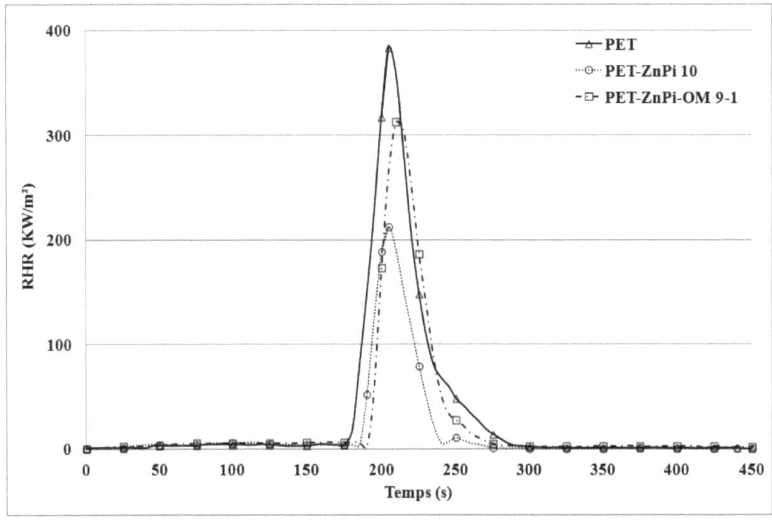

Fig 5. Courbes RHR des structures tricotées en PET, PET-ZnPi 10
et PET-ZnPi-OM 9-1 (Flux de chaleur : 25 kW/m²)

La présence du ZnPi ou du mélange ZnPi/OM-POSS dans la matrice polymère augmente la quantité totale de CO dégagée et baisse celle du CO_2, ce qui indique une perturbation dans le cycle de combustion. En effet, l'utilisation d'agents FR génère une plus grande quantité de CO à cause d'une combustion incomplète, qui explique aussi la réduction de la quantité de CO_2 dégagée. Les volumes totaux des fumées produites (TSV) sont proches pour les structures PET et PET-ZnPi 10, respectivement 0,35 et 0,37 m^3, mais plus élevés avec le tricot PET-ZnPi-OM 9-1 (0,41 m^3).

Echantillon	T_{ign} (s)	PRHR (kW/m²) (% réduction)	THE (MJ/m²)	MAHRE (kW/m²)	TCO (ppm)	TCO_2 (%)	TSV (m³)
PET	171 ± 9	383 ± 34	14 ± 3	52 ± 13	14500 ± 2900	33 ± 7	0,35
PET-ZnPi 10	178 ± 5	218 ± 25 (43)	7 ± 1	28 ± 6	20000 ± 1500	26 ± 2	0,37
PET-ZnPi-OM 9-1	190 ± 10	312 ± 26 (19)	11 ± 1	40 ± 2	23000 ± 1000	30 ± 3	0,41

Tab 4. Résultats au cône calorimètre des structures tricotées
(Flux de chaleur : 25 kW/m²)

Des éléments complémentaires au comportement au feu des textiles peuvent être apportés par les courbes de différence de masse (**Fig. 4**). Sous des contraintes thermiques, le ZnPi déstabilise le PET par des effets catalytiques, le matériau ignifugé se dégrade donc plus vite et largue par ce mécanisme ses produits combustibles qui sont dilués dans l'air et ne contribuent pas à la combustion : le PRHR sera alors diminué. Quelle que soit la plage de température sous air, l'incorporation des nanocharges réduit l'impact de la déstabilisation du ZnPi ce qui pourrait expliquer l'ignition retardée de la structure PET-ZnPi-OM 9-1 comparativement aux autres tricots. Les systèmes intumescents conventionnels présentent également une phase de stabilisation à hautes températures dans les courbes $\Delta(M(T))$ [5,6] contrairement à notre système. Ce comportement laisse supposer que les interactions entre les additifs ZnPi et OM-POSS ne sont pas chimiques mais plutôt physiques, ce qui a été affirmé dans une étude récente [7].

Nous nous sommes intéressés en outre aux comportements des systèmes ignifugés lors des caractérisations et aux observations visuelles qui en découlent. Du fait de leur nature thermoplastique, les textiles fondent complètement sous le flux de chaleur appliqué. Suite à cela, ils se dégradent et dégagent des fumées. A 178 s, l'ignition du PET-ZnPi 10 prend place et l'échantillon brûle rapidement et se transforme en une couche carbonée épaisse et dense. Nous avons également constaté des fissures sur la couche résiduelle (**Fig. 6a**) qui pourraient réduire les performances protectrices du matériau (*e.g.* limitation des transferts de masse et de chaleur).

Le textile PET-ZnPi-OM 9-1 réagit différemment sous des contraintes thermiques. Une fois fondu, le matériau commence à bouillir et génère des bulles qui explosent et dégagent des gaz. Quand la combustion se produit, le mécanisme d'intumescence s'enclenche avec le développement d'une structure gonflée. Dans leur étude du mélange PU et FQ-POSS, Bourbigot *et al.* [4] ont associé l'expansion du matériau à la volatilisation de la partie organique des nanoparticules et des composés dégradés du PU. La présence d'orifices ou « cheminées » dans le char (**Fig. 6b**) et le comportement au feu médiocre du matériau (PRHR de 312 kW/m²) suggèrent de mauvaises propriétés protectrices de la structure intumescente. Selon les travaux de Vannier *et al.* [8], les plaques de PET-ZnPi-OM 9-1 brûlent plus tôt que celles en PET ou en PET-ZnPi 10, mais montrent un PRHR plus bas avec l'apparition d'un plateau dans les courbes RHR reflétant la formation d'une structure carbonée qui protège le matériau et ralentit sa combustion. Dans notre cas, la structure fibreuse PET-ZnPi-OM 9-1 brûle différemment avec un seul pic et une consommation rapide du matériau. En somme, une intumescence est observée à l'ajout des OM-POSS au matériau, mais ses faibles propriétés au feu laissent à penser que la structure intumescente formée n'est pas optimisée et présente de faibles caractéristiques isolantes.

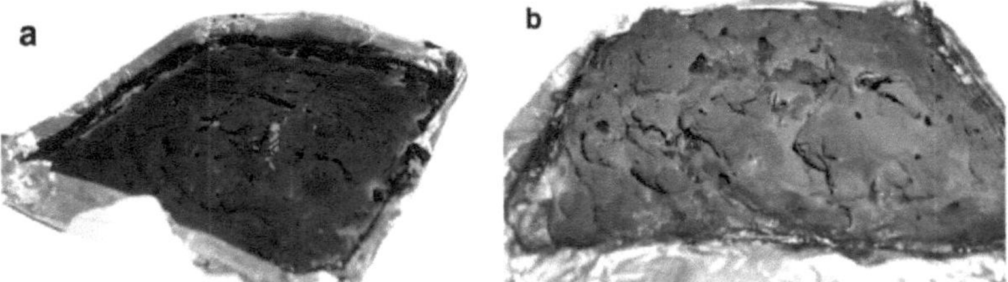

Fig 6.   Résidus des tests au cône des tricots (a) PET-ZnPi 10 ; (b) PET-ZnPi-OM 9-1

I.2.5-   Analyse des fumées

La **Figure 7** montre l'évolution de l'opacité des fumées pendant la combustion des structures tricotées. Nous observons que la cinétique de dégagement de fumées est distincte pour chaque matériau. La densité optique des fumées produites par le textile PET-ZnPi 10 augmente rapidement pour atteindre un pic de 339 à 250 s alors que la structure PET génère plus lentement des fumées très denses (pic de densité à 462). L'incorporation des POSS change complètement le comportement observé avec un D_s maximal de seulement 276 soit une réduction de 40 % comparativement au textile de référence. L'opacité des fumées est réduite grâce à l'ajout des charges phosphorées, et elle l'est davantage en présence des nanocharges. Les phosphinates métalliques sont connus pour leurs effets catalytiques qui promeuvent l'ignifugation en phase condensée des matériaux polymères mais qui accélèrent la dégradation du système, expliquant le dégagement rapide de fumées. Néanmoins, la formation de la couche carbonée limite la dégradation complète du matériau et donc la production de fumées, ce qui conduit à une opacité globale plus faible. Concernant le matériau PET-ZnPi-OM 9-1, l'allure de la courbe montre un dégagement progressif des fumées. Ce comportement peut être dû au mécanisme d'intumescence où les fumées sont capturées durant la formation du char et larguées progressivement par les cheminées observées sur la structure intumescente **(Fig. 6b)**.

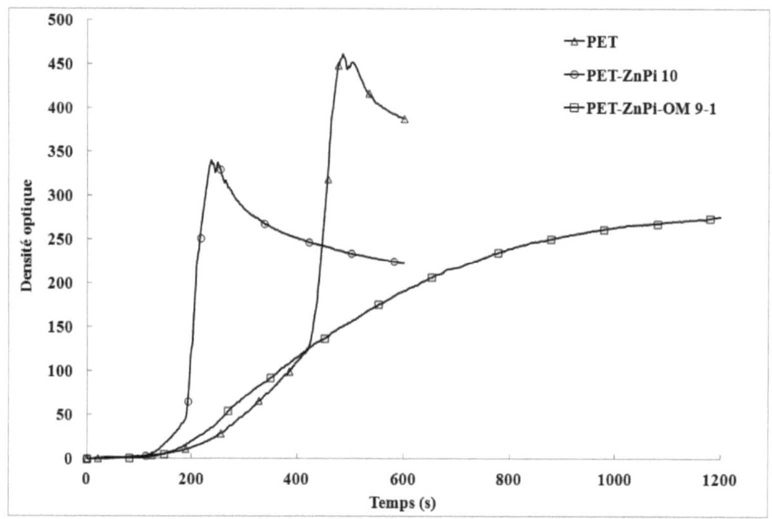

Fig 7.   Densité des fumées dégagées durant la combustion des structures
fibreuses (Flux de chaleur : 25 kW/m²)

Parmi les 8 composés analysés (cf. **Chapitre II**), seuls le monoxyde de carbone et le dioxyde de carbone sont détectés (**Tab 4**). En effet, aucun du PET, du ZnPi ou des OM-POSS ne contiennent les six autres produits chimiques (HBr, HCl, HCN, HF, NO_x et SO_2). Après 4 minutes, les textiles PET et PET-ZnPi-OM 9-1 libèrent des quantités très faibles de CO et CO_2 alors que le tricot PET-ZnPi 10 a presque libéré la totalité de ses composés toxiques. Ces comportements sont en bonne corrèlation avec les graphes présentés dans la **Figure 7**. Les tendances sont inversées à 8 minutes où le matériau de référence donne les concentrations les plus élevées de CO et CO_2 en phase gazeuse. Les quantités de CO sont négligeables pour le textile PET-ZnPi-OM 9-1 durant toute la caractérisation, ce qui présage un bon comportement des OM-POSS en tant que suppresseurs de fumées. Aussi, en se référant aux valeurs ITC, nous constatons que la toxicité des fumées est très faible et passerait les spécifications relatives aux normes ferroviaires qui fixent son indice maximal à 0,75.

	Résultats à 4 min			Résultats à 8 min		
	PET	PET-ZnPi 10	PET-ZnPi-OM 9-1	PET	PET-ZnPi 10	PET-ZnPi-OM 9-1
CO_2 (mg/m^3)	703	4418	417	12482	5822	80
CO (mg/m^3)	63	492	Non quantifiable	414	490	Non quantifiable
ITC	0,004	0,0034	0	0,038	0,035	0

Tab 5. Quantités de composés toxiques détectés et leur indice de toxicité ITC lors de la combustion des structures tricotées

I.3- Conclusion intermédiaire

Dans cette étude, les propriétés au feu et les émissions de fumées pendant la combustion de textiles ignifugés ont été étudiées. Les résultats au cône calorimètre nous montrent que l'incorporation de 10 % en masse de phosphinates de zinc dans du PET réduit le PRHR de 43 %. Des observations visuelles et les courbes thermogravimétriques nous ont permis de supposer que le mécanisme de protection au feu se fait essentiellement en phase condensée. L'ajout des nanocharges silicatées baisse les propriétés au feu du système. Cela est probablement dû à la mauvaise expansion du matériau fondu (éclatement des bulles lors du bouillonnement). Les effets de synergies et le mécanisme d'intumescence ne sont donc pas optimisés quand le mélange est sous une forme fibreuse en comparaison à la littérature sur des matériaux en plaques. Cependant, l'ajout des OM-POSS présente un intérêt non négligeable car les nanocharges contribuent à la suppression des fumées et à la baisse de leur toxicité.

II-Etude de l'aspect de synergie du mélange ZnPi/OM-POSS

Dans la partie précédente, nous avons constaté que les résultats obtenus en terme de propriétés au feu du système PET-ZnPi-OM 9-1 sont en contradiction avec les résultats rapportés dans la littérature. En effet, il a été décelé des effets de synergie entre le ZnPi et les OM-POSS dans une matrice PET qui n'apparaissent pas dans le cas de nos structures textiles. Il nous a donc paru pertinent d'approfondir nos recherches et tenter d'expliquer cette discordance. Nous nous sommes alors intéressés aux influences que pourraient avoir les conditions de caractérisation, de mise en œuvre et les paramètres structuraux des matériaux. Dans un souci de clarté, la désignation des échantillons sous forme textile sera précédée par la lettre K (en référence au terme Knitted) et la désignation de ceux sous forme de plaque sera précédée par la lettre S (en référence au terme Sheet).

II.1- Influence des paramètres d'essais et de transformation

II.1.1- Paramètres de caractérisation

Cette section vise à mettre en évidence les répercussions des paramètres de caractérisation sur les performances au feu de nos matériaux. Nos mesures au cône calorimètre ont été effectuées avec une grille métallique qui a servi au maintien des textiles pour éviter qu'ils ne s'enroulent sur eux-mêmes sous l'effet de la chaleur. Pour nous affranchir de la grille et vérifier son influence sur le phénomène d'intumescence du matériau PET-ZnPi-OM 9-1, nous avons décidé de mettre nos structures tricotées sous forme de plaques de 1 mm d'épaisseur à l'aide de la presse chauffante. Les données rassemblées après les caractérisations au cône se trouvent dans le **Tableau 6**. La **Figure 8** montre les courbes RHR des plaques obtenues à partir de structures tricotées en PET, PET-ZnPi 10 et PET-ZnPi-OM 9-1 et respectivement désignées SPET (tricot), SPET-ZnPi 10 (tricot) et SPET-ZnPi-OM 9-1 (tricot).

Echantillon	Masse (g)	T_{ign} (s)	PRHR (kW/m²) (% réduction)	THE (MJ/m²)
SPET (tricot)	$11,9 \pm 0,3$	117 ± 7	629 ± 4	18 ± 1
SPET-ZnPi 10 (tricot)	$11,7 \pm 0,6$	121 ± 12	269 ± 26 (57)	7 ± 1
SPET-ZnPi-OM 9-1 (tricot)	$12,8 \pm 0,6$	114 ± 6	304 ± 30 (51)	11 ± 1

Tab 6.   Résultats au cône calorimètre des plaques produites à partir de tricots (Flux de chaleur : 25 kW/m²)

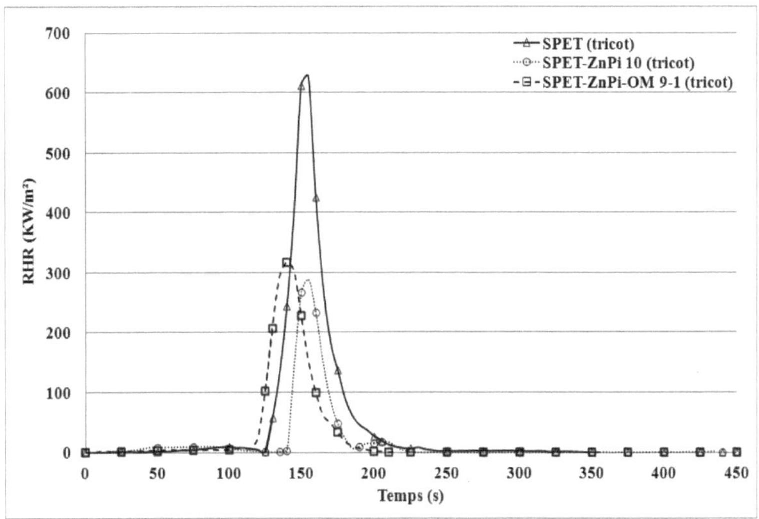

Fig 8.   Courbes RHR des plaques produites à partir de tricots (Flux de chaleur : 25 kW/m²)

Nous remarquons que, quelle que soit la formulation, les temps d'ignition des plaques sont plus bas que ceux des tricots (**Tab 4**). Cela peut-être dû à la densité élevée des matériaux sous forme de plaques qui, sous des contraintes thermiques, génèrent plus de combustibles et conduisent à une ignition plus rapide. La concentration élevée de combustibles relative à la forme du matériau pourrait également expliquer la grande différence des propriétés au feu entre les plaques et les tricots en PET, respectivement 629 et 383 kW/m² pour les pics RHR et 18 et 11 MJ/m² pour les THE. Ces différences sont nettement moins considérables pour les formulations chargées. Nous observons toujours des valeurs de PRHR et THE plus basses avec 10 wt.% de ZnPi en comparaison avec le mélange ZnPi/OM-POSS. Les tendances sont similaires en l'absence de la grille métallique. Nous pouvons donc admettre que cette dernière a peu d'influence sur le mécanisme d'intumescence de la formulation PET-ZnPi-OM 9-1. Une étude récente menée par Tata *et al.* [9] a par ailleurs démontré que l'utilisation d'une grille lors des caractérisations au cône de textiles n'affecte pas les propriétés au feu des matériaux, mais améliore la reproductibilité des résultats.

II.1.2- Paramètres de mise en œuvre

Dans la partie qui suit, nous analyserons l'influence des paramètres de mise en œuvre sur les effets de synergie du mélange ZnPi/OM-POSS. Deux paramètres seront considérés : l'influence de l'état de dispersion des nanocharges et l'influence de l'étape de filage.

❖ *Etat de dispersion*

Nous allons vérifier dans cette section si des corrélations existent entre le niveau de dispersion des OM-POSS et les performances au feu des matériaux développés. Pour diminuer la quantité d'agglomérats mise en évidence par les images MEB (**Fig. 1b** et **1c**), nous avons décidé d'extruder des formulations PET-ZnPi-OM 9-1 sans avoir recours à la dilution. Ainsi, nous avons préparé des granulés contenant 9 wt.% de ZnPi et 1 wt.% d'OM-POSS que nous avons filés et tricotés. Les structures fibreuses développées sont notées KPET-ZnPi-OM 9-1 (non dilué) et seront comparées aux tricots KPET-ZnPi-OM 9-1. La dispersion des nanocharges a été vérifiée par MEB sur des plaques produites à partir des textiles (**Figure 9**). Nous observons que le mélange non dilué présente une meilleure dispersion des charges, les agglomérats sont de tailles inférieures comparés à ceux du mélange dilué, ce qui peut être expliqué par la quantité supérieure de matrice polymère employé lors de l'étape d'extrusion.

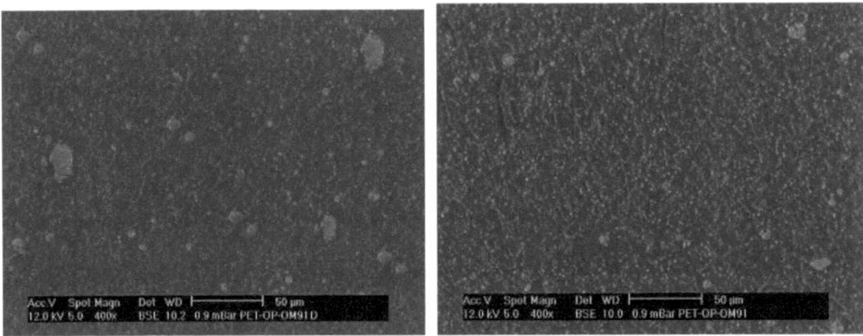

Fig 9. Microscopie électronique à balayage des mélanges PET-ZnPi-OM 9-1
(gauche) dilué (droite) non dilué

Les résultats obtenus lors des essais au cône des tricots se trouvent dans le **Tableau 7** et la **Figure 10** montre leurs courbes RHR. Le temps d'ignition des matériaux à base de mélange non dilué est plus bas que celui de KPET-ZnPi-OM 9-1. Cette ignition anticipée pourrait être due aux extrusions successives de la matrice polymère qui diminuerait sa masse molaire par contraintes de cisaillement et donc sa stabilité thermique. Bien que légère, la diminution de cette dernière est visible par les courbes thermo-oxydatives tracées sur la **Figure 11**. La dilution permet d'épargner une partie de la matrice qui n'est sollicitée que lors du filage. En termes de performance au feu, les pics RHR et les quantités totales de chaleur dégagée sont quasiment identiques entre les deux structures textiles. La dispersion des nanocharges ne semble donc pas affecter significativement les propriétés ignifugeantes du système. Cet aspect de nanodispersion (dispersion à l'échelle nanométrique) et de performances au feu a été commenté par Bourbigot *et al.* [10]. Bien que certaines nanocharges montrent de meilleurs résultats au feu avec une dispersion élevée, aucune conclusion générale ne peut être tirée quant à la relation entre l'état de dispersion et l'efficacité des nanocharges en tant qu'agent FR.

Echantillon	Masse (g)	T_{ign} (s)	PRHR (kW/m²)	THE (MJ/m²)
KPET-ZnPi-OM 9-1	$15{,}5 \pm 0{,}2$	190 ± 10	312 ± 26	11 ± 1
KPET-ZnPi-OM 9-1 (non dilué)	13 ± 1	147 ± 6	327 ± 7	10 ± 3

Tab 7. Résultats au cône calorimètre des structures tricotées à partir de
formulations diluées et non diluées (Flux de chaleur : 25 kW/m²)

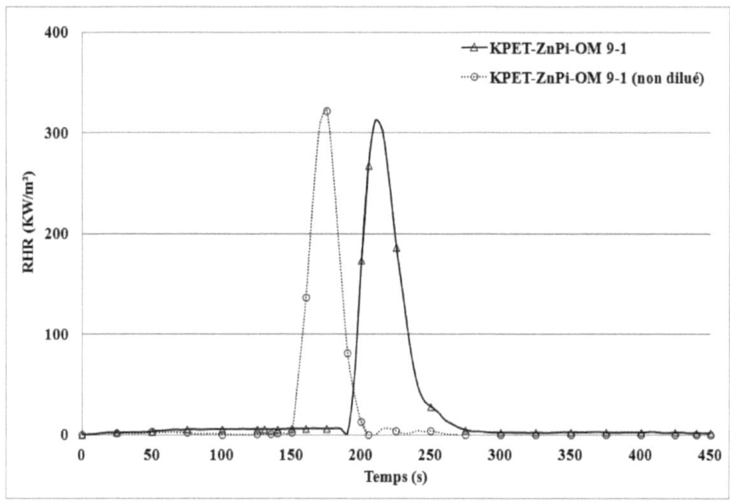

Fig 10.   Courbes RHR des structures tricotées à partir de formulations diluées et non diluées (Flux de chaleur : 25 kW/m²)

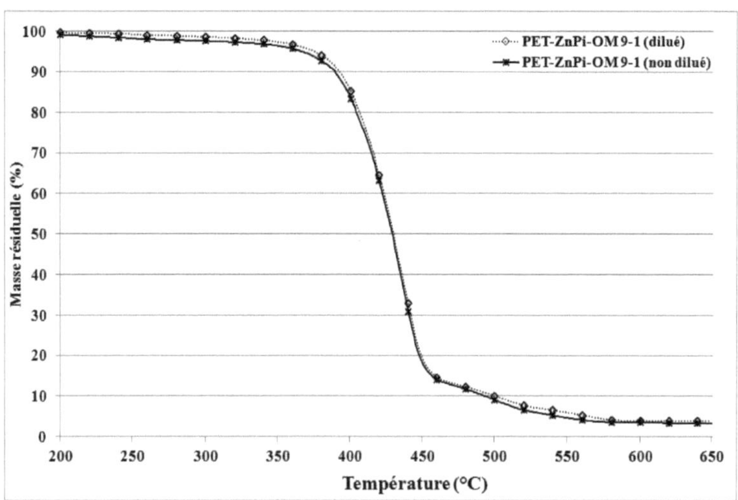

Fig 11.   Courbes thermogravimétriques des mélanges PET-ZnPi-OM 9-1 dilué et non dilué (atmosphère : air, cinétique de chauffage : 10°C/min)

❖ *Etape de filage en voie fondue*

Lors de la mise en œuvre des multifilaments, la matière fondue passe par des filtres disposés au niveau des filières, comme détaillé dans le **Chapitre II**. L'étude comparative menée dans ce paragraphe nous permettra de vérifier si une éventuelle rétention des nanocharges au niveau des filtres s'est produite lors du filage, qui pourrait expliquer la perte de synergie du mélange ZnPi/OM-POSS. A cet effet, nous avons développé des plaques à partir des granulés composés de 9 wt.% de ZnPi et 1 wt.% d'OM-POSS et notées SPET-ZnPi-OM 9-1 (granulés). Ces dernières sont comparées à celles faites à partir de tricots et désignées comme SPET-ZnPi-OM 9-1 (tricot). Nous rappelons que ces plaques font 1 mm d'épaisseur et ont été caractérisées au cône sans grille métallique. Les résultats au cône sont répertoriés dans le **Tableau 8** et les courbes RHR des matériaux sont tracées sur la **Figure 12**.

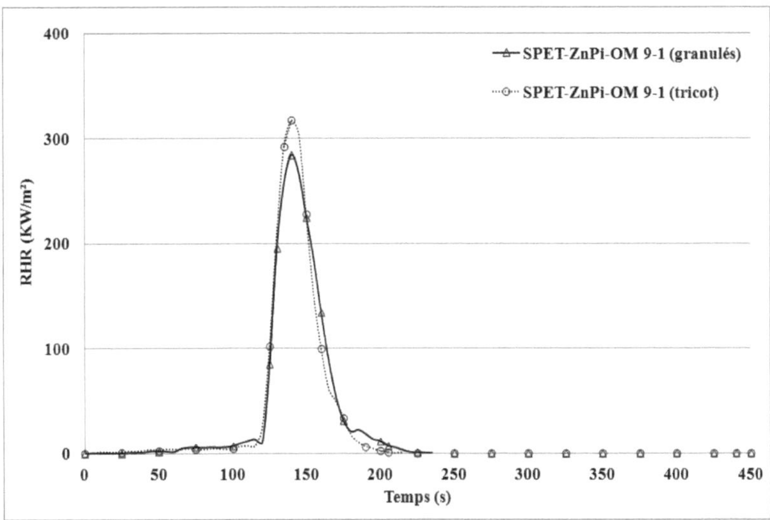

Fig 12.   Courbes RHR des plaques produites à partir de tricots ou de granulés
(Flux de chaleur : 25 kW/m²)

Echantillon	Masse	T_{ign}	PRHR	THE
	(g)	(s)	(kW/m²)	(MJ/m²)
SPET-ZnPi-OM 9-1 (granulés)	$12,4 \pm 0,5$	116 ± 19	284 ± 1	10 ± 1
SPET-ZnPi-OM 9-1 (tricot)	$12,8 \pm 0,6$	114 ± 6	304 ± 30	11 ± 1

Tab 8.   Résultats au cône calorimètre des plaques produites à partir de tricots ou de granulés (Flux de chaleur : 25 kW/m²)

Les propriétés au feu de la formulation PET-ZnPi-OM 9-1 sont identiques quel que soit le procédé de mise en œuvre. Le pic RHR des plaques faites à partir de tricot est plus élevé que celui des plaques faites à partir de granulés, mais compte tenu de l'écart-type assez grand, nous pouvons considérer que les PRHR sont approchants. Ces résultats nous montrent donc que l'absence de synergie entre ZnPi et OM-POSS n'est en aucun cas reliée au procédé de filage en voie fondue et à une éventuelle rétention d'agglomérats dans les filtres.

II.2- Influence des paramètres structuraux

Dans cette partie, nous nous intéresserons à l'influence que pourrait avoir la masse sur les propriétés au feu des systèmes ignifugés. Pour cela, nous avons superposé trois couches de tricots lors des caractérisations au cône afin de nous rapprocher au plus d'une masse de 40 g. Cette dernière est celle des plaques caractérisées dans la littérature par Vannier *et al.* [8], et où les effets de synergies ont été obtenus. La **Figure 13** montre les courbes RHR des structures tricotées superposées qui sont désignées par KPET (3c), KPET-ZnPi 10 (3c) et KPET-ZnPi-OM 9-1 (3c). Les courbes RHR des tricots en une seule couche ont également été ajoutées à titre comparatif. Les données rassemblées après les caractérisations au cône se trouvent dans le **Tableau 9**.

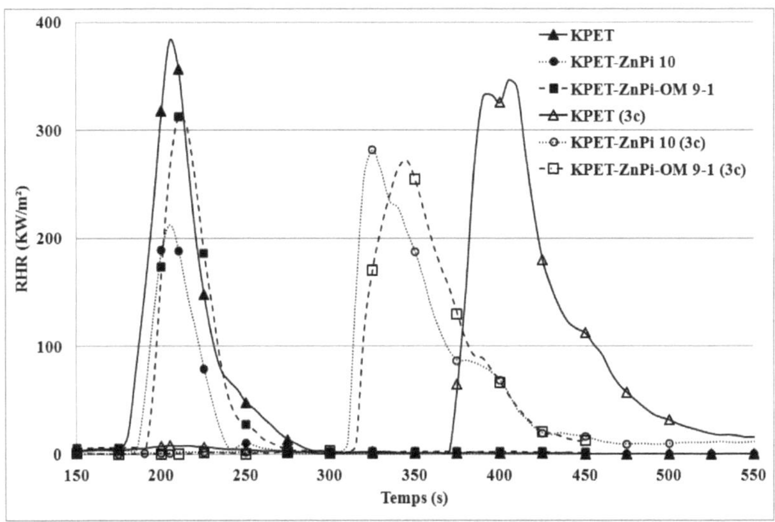

Fig 13.   Courbes RHR des structures tricotées en simple couche ou en trois couches superposées (Flux de chaleur : 25 kW/m²)

Echantillon	Masse	T_{ign}	PRHR (kW/m²)	THE
	(g)	(s)	(% réduction)	(MJ/m²)
KPET (3c)	39 ± 0,4	363 ± 11	321 ± 36	26 ± 2
KPET-ZnPi 10 (3c)	37 ± 0,1	296 ± 6	259 ± 32 (19)	19 ± 3
KPET-ZnPi-OM 9-1 (3c)	38 ± 0,1	309 ± 7	287 ± 35 (10)	17 ± 2

Tab 9.   Résultats au cône calorimètre des structures tricotées en simple couche ou en trois couches superposées (Flux de chaleur : 25 kW/m²)

En comparaison avec les tricots monocouches, nous observons que les temps d'ignition des échantillons triple couches ont été considérablement retardés. Cela s'explique par une durée plus longue de la fusion du matériau soumis à la chaleur de la source radiante. Il est également intéressant de noter que l'écart des performances au feu entre les deux systèmes ignifugés PET-ZnPi 10 et PET-ZnPi-OM 9-1 est réduit avec l'augmentation de la masse. Compte tenu des résultats, nous ne pouvons toujours pas parler de synergie entre ZnPi et OM-POSS, mais nous constatons que l'effet de masse joue un rôle important sur les propriétés au feu des systèmes contenant les nanocharges.

II.3- Conclusion intermédiaire

Les différentes études décrites ci-dessus nous ont permis d'apporter des éléments de réponse concernant l'effet antagoniste entre les phosphinates de zinc et les nanocharges OM-POSS en termes d'ignifugation de PET sous forme fibreuse de faible masse. Ainsi, nous avons pu écarter certains paramètres qui n'ont pas ou peu d'influence sur les performances au feu du système PET-ZnPi-OM 9-1 : l'utilisation de la grille métallique, l'état de dispersion des nanocharges et l'étape de filage en voie fondue. En revanche, les paramètres de structure semblent avoir une influence non négligeable. Selon les résultats obtenus, nous pouvons raisonnablement privilégier l'hypothèse de l'effet de masse sur les performances au feu du matériau. Un autre paramètre, la densité, qui diffère entre plaques et textiles, confère aux matériaux des comportements au feu distincts. Nous pouvons également évoquer la surface spécifique des textiles qui est beaucoup plus grande que celle des plaques ce qui rend le matériau davantage sujet aux dégradations thermo-oxydatives.

III-   Systèmes ignifugés à base de ZnPi et différents POSS

L'objectif des travaux qui suivent est de conduire une étude comparative de propriétés au feu entre un système établi, ZnPi/OM-POSS, et d'autres mélanges contenant des phosphinates de zinc et des nanocharges POSS avec des groupements environnants distincts. En nous basant sur les résultats de la partie précédente, nous avons décidé de mener nos travaux sur des plaques de 3 mm d'épaisseur. En effet, c'est sous cette forme que les effets de synergies sont aisément mis en évidence. Les morphologies des matrices PET chargées ont été examinées par microscopie électronique. Des analyses thermogravimétriques nous ont permis d'investiguer les potentielles interactions entre les additifs et le PET. Enfin, les matériaux ont été caractérisés au cône calorimètre pour analyser leur comportement au feu.

III.1-   Matériaux et mise en œuvre

Le PET, le ZnPi et les nanocharges OM-POSS, FQ-POSS et DP-POSS décrits dans le **Chapitre II**, ont été séchés à 80°C pendant 12 h avant l'étape d'extrusion. Les formulations (**Tab 10**) ont été transformées en granulés suivant le profil de température : 260°C/260°C/258°C/254°C/248°C. Des plaques, de dimensions 100 x 100 x 3 mm^3 et désignées de la même manière que les granulés qui les composent, ont été ensuite élaborées suivant les paramètres décrits dans le **Chapitre II**.

Désignation	PET	PET-ZnPi 10	PET-ZnPi-OM 9-1	PET-ZnPi-FQ 9-1	PET-ZnPi-DP 9-1
PET (wt.%)	100	90	90	90	90
ZnPi (wt.%)	0	10	9	9	9
OM-POSS (wt.%)	0	0	1	0	0
FQ-POSS (wt.%)	0	0	0	1	0
DP-POSS (wt.%)	0	0	0	0	1

Tab 10.   Formulations des granulés extrudés

III.2-   Caractérisation des matériaux

III.2.1- Analyse de la morphologie

Les images MEB des plaques PET-ZnPi-OM 9-1, PET-ZnPi-FQ 9-1 et PET-ZnPi-DP 9-1 sont respectivement présentées dans les **Figures 14A, B** et **C**, les clichés sélectionnés étant les plus représentatifs des observations sur l'ensemble des échantillons. Le mélange contenant les OM-POSS montre plusieurs agglomérats d'environ 25 µm dans la matrice. Quand ces derniers sont soumis aux analyses EDX, ils révèlent des pics élevés de signaux qui correspondent au silicium, ces signaux sont nuls ailleurs dans la matrice. Les OM-POSS ont alors un mauvais état de dispersion. Les mêmes observations peuvent être faites pour la **Fig. 14B**, les zones où les FQ-POSS sont concentrés reflètent la faible dispersion des nanoparticules. La **Fig. 14C** nous a permis de détecter des agrégats plus petits de 10 µm comparés à ceux dans les images **A** et **B**. Les DP-POSS montrent alors la meilleure dispersion même si cette dernière n'est pas à l'échelle nanométrique. Les nanocharges POSS ont une tendance inhérente à s'agglomérer mais leur dispersion peut être améliorée en fonction de leurs groupements organiques environnants.

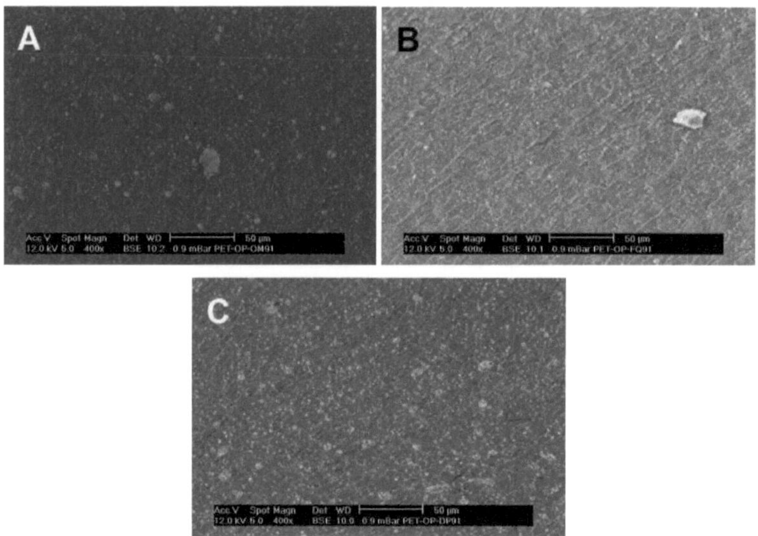

Fig 14.   Microscopie électronique à balayage des plaques (A) PET-ZnPi-OM 9-1 ;
(B) PET-ZnPi-FQ 9-1 ; (C) PET-ZnPi-DP 9-1

III.2.2- Analyse de la stabilité thermique

Les courbes ATG des thermo-oxydations et pyrolyses des additifs analysés sont tracées respectivement dans les **Figures 15a** et **16a**. Comme vu précédemment, l'agent FR phosphoré perd 5 % de sa masse initiale à 360°C sous air et 420°C sous azote, ce qui montre que la dégradation oxydative se produit à des températures plus basses que celles de la pyrolyse des espèces chimiques du ZnPi. Les masses résiduelles à 650°C diffèrent selon l'atmosphère choisie avec 51 % sous air et seulement 7 % sous azote. L'oxygène de l'air favorise donc le développement du résidu charbonné.

Concernant les silsesquioxanes, des mécanismes de dégradation distincts sont observés. Parmi les trois nanoparticules, les OM-POSS sont les moins stables thermiquement ; leur dégradation thermo-oxydative débute à 216°C alors que leur pyrolyse se produit à 211°C avec une étape unique, dans les deux atmosphères, qui conduit à une masse résiduelle de 4 %. Ce résidu est supposé être de la silice amorphe étant donnée la sublimation quasi complète des *Octamethyl* POSS à haute température [3]. Les POSS contenant des groupements phényles ont une meilleure stabilité thermique que les OM-POSS. Les DP-POSS perdent 5 % de leur masse initiale à 435°C, le début de décomposition est alors retardé de 240°C en comparaison avec les OM-POSS. Aussi, leur masse résiduelle à 650°C est plus élevée (~ 45 % contre seulement 4 % pour les OM-POSS). La résistance thermique des DP-POSS sous gaz inerte est également améliorée. Les nanocharges ne se dégradent qu'à partir de 577°C avec une masse résiduelle d'environ 80 % à très hautes températures. Ces propriétés améliorées des DP-POSS sont corrélées à de possibles réactions chimiques qui se dérouleraient sous l'effet de la chaleur et qui réduiraient la volatilisation observée dans le cas des OM-POSS [33].

Substituer les groupements méthyles ou phényles par des polyvinyles et une structure silicatée réticulée améliore significativement la stabilité thermique des nanoparticules. A 455°C, seul 5 % des FQ-POSS se dégradent sous air et leur masse initiale perdue à 650°C ne dépasse pas les 6 %. De plus, les nanocharges résistent considérablement à la pyrolyse, 97 % du matériau étant épargné à de très hautes températures (650°C). Selon Fina *et al.* [33], les FQ-POSS donnent un résidu stable (78 % de masse résiduelle) au-delà de 1200°C.

Les dégradations thermiques du PET vierge et de ses dérivés chargés sous forme de plaques sont caractérisées sous air et azote ; les courbes correspondantes sont présentées dans les **Figures 15b** et **16b**. Sous air, le PET et le PET-ZnPi 10 perdent 5 % de leurs masses initiales à 361°C. L'ajout de 1 wt.% d'OM-POSS dans le mélange augmente légèrement la stabilité thermique du matériau où la dégradation se produit à 369°C. La température de décomposition est différée d'une manière plus visible quand les FQ-POSS ou les DP-POSS sont utilisées avec des températures de dégradation respectives de 377 et 376°C. Deux étapes majeures de dégradation oxydative sont observées pour le PET vierge avec une formation de résidu à 470°C retardant la dégradation complète du matériau. L'incorporation du ZnPi et le mélange ZnPi/OM-POSS dans le PET inhibe la formation du plateau mais sauvegarde 4 % des masses initiales des matériaux. La dégradation des matériaux PET-ZnPi-FQ 9-1 et PET-ZnPi-DP 9-1 suit également la même tendance.

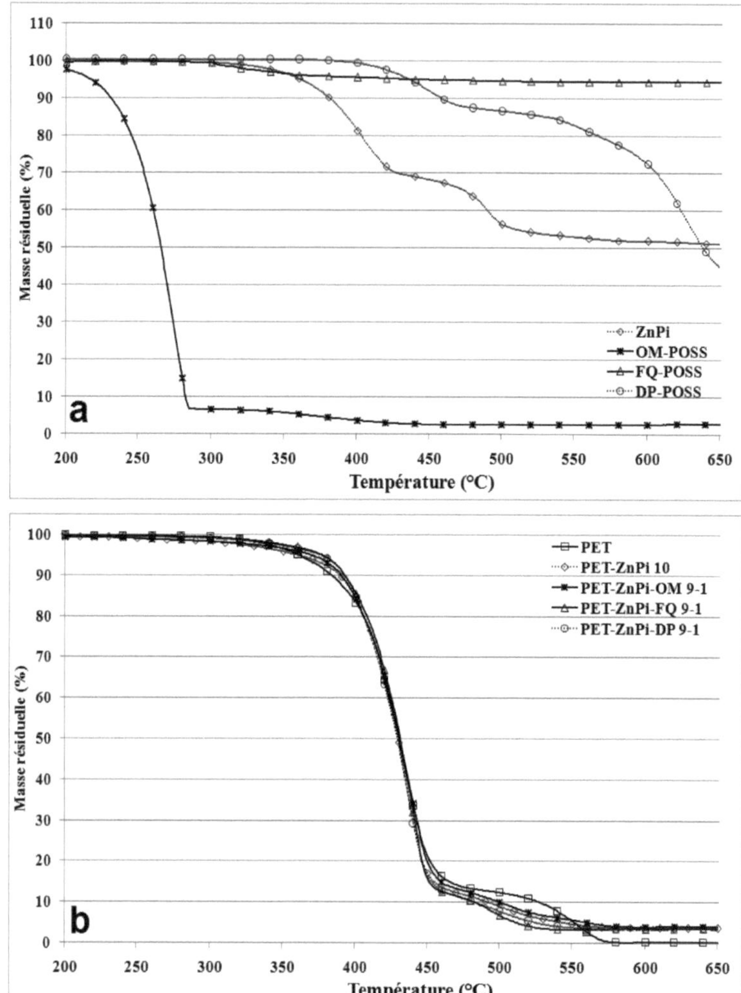

Fig 15. Courbes thermogravimétriques sous air (cinétique de chauffage : 10°C/min) (a) additifs ; (b) plaques

Les dégradations par pyrolyse des plaques montrent des courbes de profils identiques. La matrice chargée PET-ZnPi 10 perd 5 % de masse initiale à 390°C montrant une déstabilisation du matériau thermoplastique par les phosphinates. Quel que soit le type de POSS ajouté, la température de début de décomposition n'est pas affectée. A 650°C, la masse résiduelle pour la plaque de PET est de 16 % contre approximativement 13 % pour tous les PET chargés.

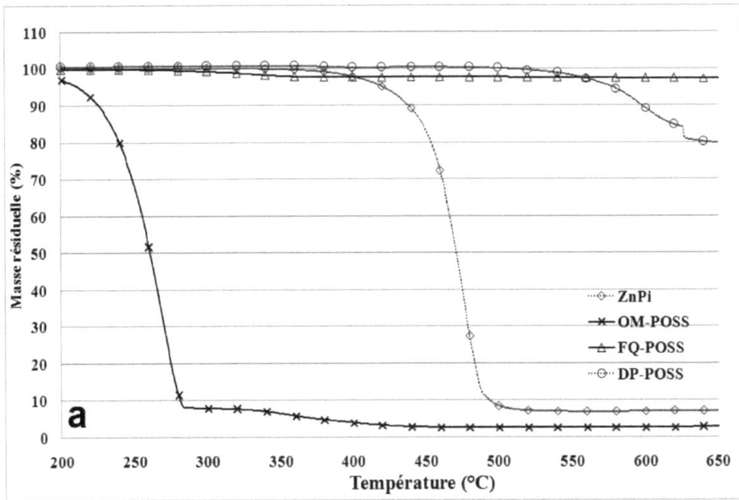

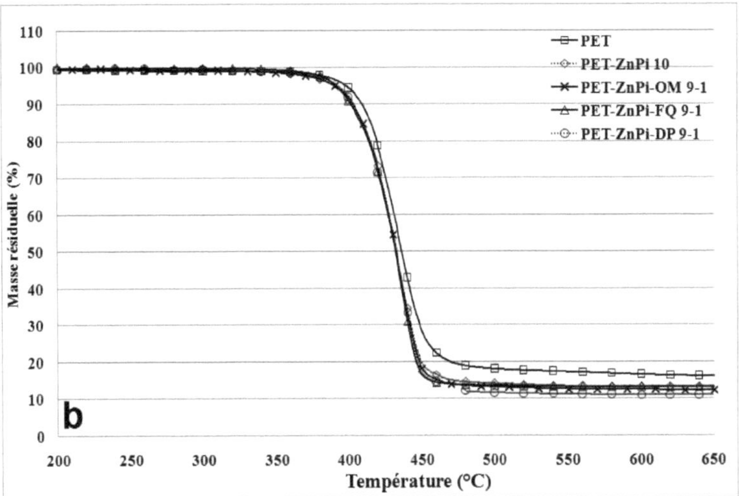

Fig 16. Courbes thermogravimétriques sous azote (cinétique de chauffage : 10°C/min)   (a) additifs ; (b) plaques

III.2.3- Analyse des propriétés au feu

Le **Tableau 11** résume les données obtenues à l'aide des caractérisations au cône et la **Figure 17** montre les courbes RHR obtenues avec les plaques de PET, PET-ZnPi 10, PET-ZnPi-OM 9-1, PET-ZnPi-FQ 9-1 et PET-ZnPi-DP 9-1. La présence des phosphinates de zinc ne semble pas avoir d'effets pertinents sur le temps d'ignition (un retard de seulement 10 s) alors que l'ajout de 1 wt.% de POSS baisse le T_{ign} des matériaux chargés aux environs de 250 s. D'autre part, l'incorporation de 10 wt.% de ZnPi dans le PET baisse d'une manière visible le PRHR (réduction de 27 %) de 500 kW/m² pour le PET à 365 kW/m². La substitution de 1% de phosphinates par des OM-POSS, DP-POSS ou FQ-POSS réduit considérablement le PRHR à 244 kW/m², 226 kW/m² et 214 kW/m² ; les réductions à l'ajout des POSS sont supérieures à 50 %. La quantité totale de chaleur dégagée (THE) est réduite d'environ 30 % pour le PET-ZnPi 10 en comparaison avec le PET. La réduction est sensiblement proche quand les nanocharges OM-POSS où les FQ-POSS sont utilisées. Cela est reflété dans la **Fig. 17** par des courbes larges avec des pics faibles pour les plaques PET-ZnPi-OM 9-1 et PET-ZnPi-FQ 9-1 comparées à une combustion de courte durée mais avec un pic plus haut pour le PET-ZnPi 10. Les plaques en PET-ZnPi-DP 9-1 montrent la meilleure réduction de THE (plus de 50 %) reflétant son extinction rapide en comparaison avec les plaques contenant les OM-POSS ou FQ-POSS. Le MAHRE du PET est légèrement réduit à l'ajout du ZnPi. La présence des FQ-POSS n'a aucun effet tandis qu'une baisse est observée avec les OM-POSS et une réduction du MAHRE de 30 % est relevée avec le PET-ZnPi-DP 9-1.

Echantillon	T_{ign} (s)	PRHR (kW/m²) (% réduction)	THE (MJ/m²)	MAHRE (kW/m²)	TCO (ppm)	TCO$_2$ (%)
PET	270 ± 7	500 ± 0	39 ± 3	61 ± 6	30000 ± 350	74 ± 1
PET-ZnPi 10	280 ± 7	$365 \pm 9\ (27)$	27 ± 2	58 ± 1	47800 ± 3200	54 ± 6
PET-ZnPi-OM 9-1	255 ± 21	$244 \pm 19\ (51)$	25 ± 4	52 ± 4	43600 ± 3600	52 ± 3
PET-ZnPi-FQ 9-1	243 ± 11	$214 \pm 1\ (57)$	26 ± 4	59 ± 8	48400 ± 5100	55 ± 4
PET-ZnPi-DP 9-1	250 ± 0	$226 \pm 7\ (55)$	18 ± 1	43 ± 2	335000 ± 3200	47 ± 5

Tab 11.   Résultats au cône calorimètre des plaques (Flux de chaleur : 25 kW/m²)

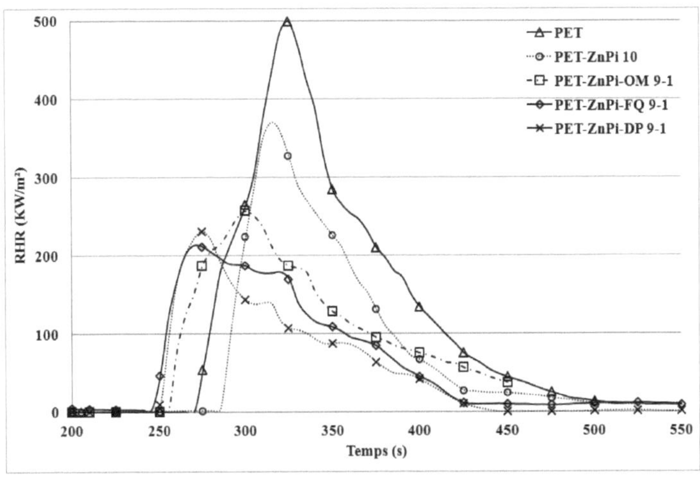

Fig 17.   Courbes RHR des plaques (Flux de chaleur : 25 kW/m²)

Concernant les émissions de gaz, l'ajout des phosphinates de zinc augmente la quantité totale de CO dégagé comparée à celle du PET. Nous observons également que la présence des OM-POSS ou FQ-POSS génèrent les mêmes quantités de CO que le PET-ZnPi 10 alors que l'utilisation des DP-POSS supprime les effets relatifs à l'ajout du ZnPi (cf. **Tab 11**). En d'autres termes, la quantité totale de CO dégagé est quasiment égale à celle du PET vierge. Des réductions dans les quantités totales de CO_2 dégagé sont visibles quel que soit le type d'additifs inséré ce qui indique une perturbation dans le cycle de combustion. Il est admis que les agents FR émettent plus de monoxyde de carbone du fait d'une combustion incomplète ce qui explique également la baisse de la quantité de CO_2.

Les résidus formés après la combustion des formulations chargées sont montrés dans la **Fig. 18**. La combustion complète du PET-ZnPi 10 donne une couche carbonée dense et épaisse sans gonflement ou gain en volume remarquables (**Fig. 18a**). L'ajout des FQ-POSS initie l'intumescence (**Fig. 18c**) ce qui explique un PRHR du matériau plus bas que celui du PET-ZnPi 10. Le char obtenu de la plaque PET-ZnPi-FQ 9-1 est le plus résistant mécaniquement parmi tous les chars mais il est le moins expansé. Ceci peut être relié à la faible volatilisation des FQ-POSS empêchée par la polymérisation des groupes vinyles. Cette réorganisation conduit à une structure $O-Si-C_n-Si$ qui augmente les propriétés mécaniques du char mais limite son expansion en raison de la faible quantité de matière volatile impliquée [3,4].

Fig 18. Résidus formés après les essais au cône calorimètre (a) PET-ZnPi 10 ; (b) PET-ZnPi-OM 9-1 ; (c) PET-ZnPi-FQ 9-1 ; (d) PET-ZnPi-DP 9-1

Les systèmes PET-ZnPi-OM 9-1 et PET-ZnPi-DP 9-1 sont ceux qui affichent les chars les plus expansés (respectivement **Fig. 18b** et **18d**). Cependant, les différences dans les profils des courbes RHR et les taux de réduction des THE révèlent que le char contenant les DP-POSS est plus efficace avec de meilleures propriétés isolantes. Afin de comprendre cette différence de comportement au feu, les chars ont été coupés transversalement (**Fig. 19**). Le char du PET-ZnPi-OM 9-1 présente une structure creuse avec des fissures en surface alors que le char du PET-ZnPi-DP 9-1 est expansé avec un aspect feuilleté. Ces différences dans les structures des chars peuvent être dues aux groupements environnants des POSS. Les POSS contenant des groupements méthyles contribuent à l'intumescence en larguant leurs espèces volatiles améliorant seulement le gonflement de la structure [8], tandis que les espèces organiques des DP-POSS semblent jouer un rôle dans la production des couches multicellulaires. Fina *et al.* [33,11] ont suggéré la libération de benzène provenant des DP-POSS où les radicaux aromatiques résultants pourraient se combiner et créer une structure polyaromatique stable. Cette hypothèse concorde avec nos observations. La bonne dispersion des DP-POSS (**Fig. 14c**) comparée à celles des OM-POSS et FQ-POSS pourrait également constituer un élément de réponse à ces différents comportements au feu.

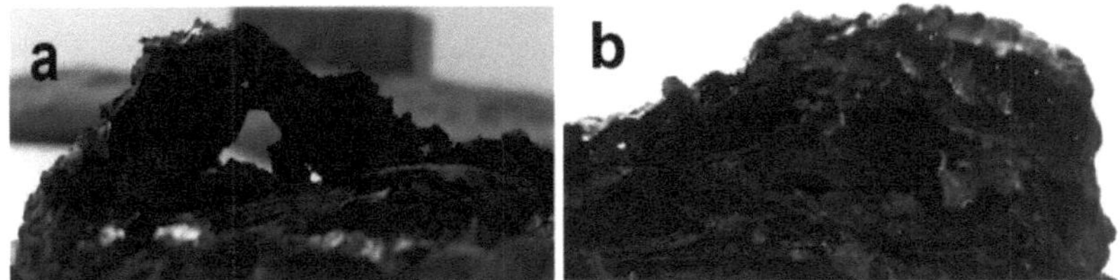

Fig 19.   Vue en coupe des chars (a) PET-ZnPi-OM 9-1 ; (b) PET-ZnPi-DP 9-1

III.3-   Conclusion intermédiaire

Dans cette étude, les propriétés au feu de plaques contenant des agents retard au feu ont été étudiées. L'incorporation de 10 wt.% de ZnPi réduit le PRHR comme prévu et l'ajout des POSS à 1 % en masse dans les mélanges montre une meilleure réduction des PRHR. Cependant, l'utilisation des OM-POSS ou des FQ-POSS en présence du ZnPi n'affecte pas la réduction du THE alors que la quantité totale de chaleur dégagée est baissée avec les DP-POSS empêchant ainsi la combustion totale du polymère et réduisant l'inflammabilité du matériau. Cette bonne résistance au feu est couplée à une réduction des émissions de CO générées par les phosphinates de zinc. Ces propriétés sont dues à l'intumescence optimisée du matériau contenant les DP-POSS où le char est bien expansé et présente une structure multicellulaire. Nous supposons que l'aspect feuilleté des couches est le résultat d'une formation de structures polyaromatiques issues des groupes radicalaires libérés par les DP-POSS. En comparaison avec les nanocharges OM-POSS et FQ-POSS, les DP-POSS montrent les meilleurs effets synergiques en association avec les phosphinates de zinc. De plus, leur excellente stabilité thermique leur permet de résister aux températures de mise en œuvre élevées de certains polymères.

IV- Systèmes ignifugés à base d'AlPi et différents POSS

L'étude comparative des performances au feu du PET chargé en ZnPi et divers POSS menée dans la partie précédente, nous a montré que l'intumescence a lieu en présence des OM-POSS et des DP-POSS, mais les propriétés protectrices des chars formés sont différentes. Pour les travaux qui suivent, nous avons décidé d'étudier d'autres phosphinates métalliques, ceux d'aluminium et désignés par l'abréviation AlPi. Cet agent FR contient un taux de phosphore plus élevé que le ZnPi. D'autre part, l'AlPi est infusible contrairement au ZnPi et présente des particules de grandes tailles. Ces deux paramètres affectent la viscosité du matériau et font de l'étape du filage en voie fondue une tâche plus complexe. Des multifilaments contenant des mélanges d'AlPi et de POSS ont été développés par extrusion et filage. Les fibres ont été analysées par microscopie électronique à balayage et thermogravimétrie afin d'examiner leurs morphologies et stabilités thermiques. De plus, les comportements au feu des textiles produits à partir des multifilaments ont été caractérisés au cône calorimètre et par test UL 94.

IV.1- Matériaux et mise en œuvre

Le PET, l'AlPi et les nanocharges OM-POSS et DP-POSS décrits dans le **Chapitre II**, ont été séchés à 80°C pendant 12 h avant l'extrusion des formulations en granulés suivant le profil de température : 260°C/260°C/258°C/254°C/248°C. Pour le filage en voie fondue, les granulés chargés ont été dilués avec du PET vierge pour atteindre les teneurs en additifs visées (**Tab 12**). Les taux de charges choisies sont à 9 wt.% de phosphinates métalliques et seulement 1 wt.% de POSS. Pour rappel, ce rapport a donné les meilleurs résultats en termes de comportement au feu [8]. Les multifilaments en PET vierge ont été filés suivant le profil A (**Tab 13**) alors que l'insertion des phosphinates d'aluminium dans la matrice PET a diminué dramatiquement les propriétés mécaniques du matériau. Les vitesses des rouleaux ont été donc réduites et le profil B a été choisi pour les multifilaments chargés.

Les finesses des multifilaments sont proportionnelles au débit de la pompe et au taux d'étirage. Dans un souci de cohérence de notre étude, les fibres en PET vierge ont été doublées durant le développement des textiles pour obtenir le même grammage pour toutes les structures fibreuses. La contexture point de Rome a été sélectionnée pour développer nos matériaux. Ces derniers ont un grammage de 1300 ± 50 g/m² et une épaisseur identique de 2 mm.

Désignation	PET	PET-AlPi 10	PET-AlPi-OM 9-1	PET-AlPi-OM 9-1
PET (wt.%)	100	90	90	90
AlPi (wt.%)	0	10	9	9
OM-POSS (wt.%)	0	0	1	0
DP-POSS (wt.%)	0	0	0	1

Tab 12.   Formulations des multifilaments mis en œuvre

	Température des filières (°C)	Débit de la pompe (cm³/min)	Rouleau 1 (°C)	Rouleau 1 (m/min)	Rouleau 2 (°C)	Rouleau 2 (m/min)
Profil A	260	66,5	100	200	120	600
Profil B	260	66,5	100	150	120	300

Tab 13.   Paramètres de filage

IV.2-   Caractérisation des matériaux

IV.2.1- Analyse de la morphologie

Les images MEB des multifilaments PET, PET-AlPi 10, PET-AlPi-OM 9-1 et PET-AlPi-DP 9-1 sont respectivement présentées dans les **Figures 20A** à **20D**. Les monofilaments de référence sont réguliers et cylindriques ce qui montre la conservation de la forme des filières. L'ajout de 10 wt.% d'AlPi au PET affecte significativement les propriétés morphologiques du matériau. Les filaments perdent leur régularité et présentent une surface bosselée. Nous pensons que l'infusibilité des phosphinates d'aluminium est la raison d'un tel aspect. Nous pouvons également noter la concentration des additifs en certains points. Ces agrégats baissent les propriétés mécaniques des monofilaments car ils favorisent la casse des fibres. A titre d'exemple, la force à la rupture des monofilaments chute de 31 cN pour le PET vierge à 13 cN pour le PET-AlPi 10 (essais de traction sur Zwick).

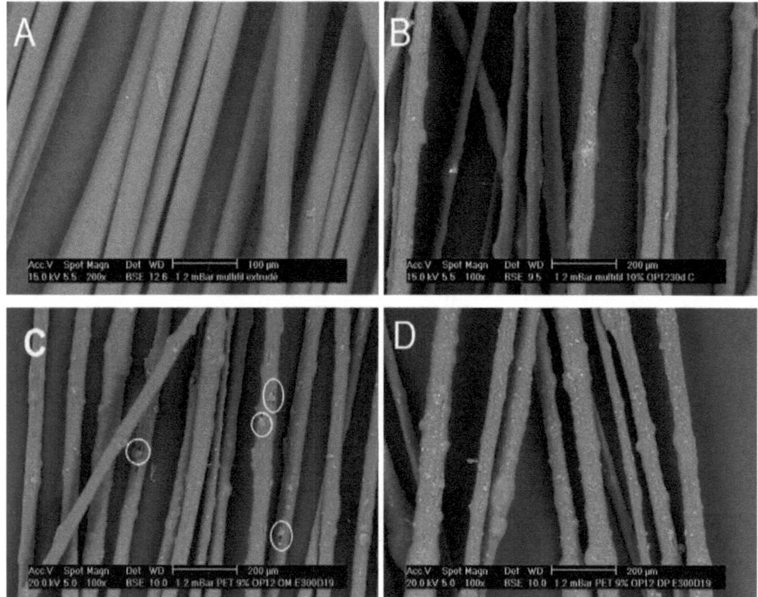

Fig 20. Microscopie électronique à balayage des multifilaments (A) PET ; (B) PET-AlPi 10 ; (C) PET-AlPi-OM 9-1 ; (D) PET-AlPi-DP 9-1

L'aspect de surface des multifilaments diffère selon les nanocharges POSS utilisées. Les OM-POSS tendent à s'agglomérer dans les zones encerclées dans la **Fig. 20C** et analysées par EDX. Les DP-POSS semblent avoir une meilleure dispersion, vérifiée par EDX, avec une distribution en pointillés dans le matériau (**Fig. 20D**). Les propriétés mécaniques des monofilaments seront commentées plus en détails dans le **Chapitre V**.

IV.2.2- **Analyse de la stabilité thermique**

Les courbes ATG des phosphinates d'aluminium sous air et azote sont représentées dans la **Figure 21**. L'additif AlPi a une étape majeure de dégradation oxydative. Sa décomposition débute à 390°C avec 5 % de perte en masse et se poursuit jusqu'à 475°C où 43 % de masse résiduelle est observée. La charge phosphorée est légèrement plus stable thermiquement sous atmosphère inerte avec un début de dégradation à 417°C, mais qui est succédé par une perte de masse quasi-totale. Seuls 3 % de masse résiduelle sont épargnés à des températures au-dessus de 500°C. Nous constatons ainsi que l'oxydation des phosphinates conditionne considérablement l'évolution de composés en phase condensée et le développement de structures phosphocarbonées.

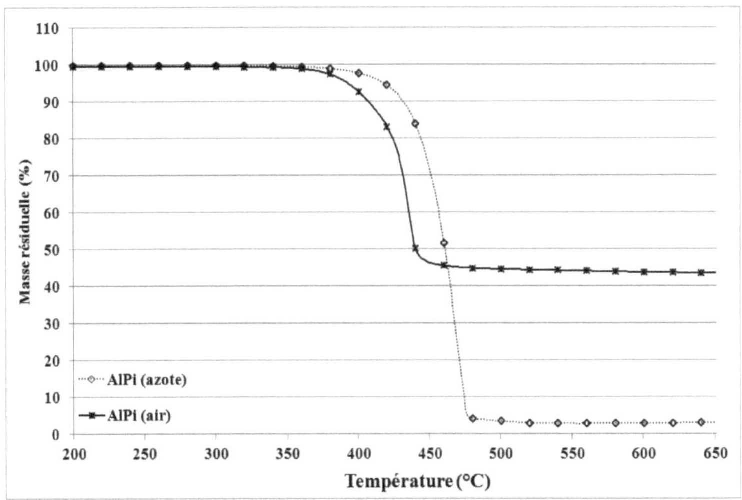

Fig 21. Courbes thermogravimétriques de la charge AlPi sous air et azote (cinétique de chauffage : 10°C/min)

Les caractérisations thermo-oxydatives des matériaux reflètent les phénomènes qui se produisent avant l'ignition. Le paramètre T_{ign} a une influence importante sur les propriétés au feu des matériaux comme nous le verrons ultérieurement. La **Figure 22a** regroupe les courbes de dégradations sous air des multifilaments développés. Ces derniers montrent des allures de décomposition similaires avec une dégradation importante suivie par une formation d'un plateau et une perte de masse progressive à de très hautes températures. Les fibres de PET vierge se dégradent de 360 à 480°C. A cette température, la décomposition ralentit avec l'apparition d'un plateau de 13 % de masse résiduelle qui disparait complètement à 575°C. L'incorporation de l'agent phosphoré tend à décaler la température de dégradation des multifilaments de 360 à 372°C. Le plateau formé montre une masse résiduelle plus élevée (environ 22 %) qui se volatilise lentement jusqu'à atteindre 4 % de masse épargnée. La substitution de l'AlPi par des nanoparticules à 1 wt.% a de légers effets sur le comportement thermique des fibres. Les multifilaments PET-AlPi-OM 9-1 atteignent 95 % à 366°C, soit 9°C avant les PET-AlPi-DP 9-1. Cependant, ils présentent une masse résiduelle légèrement plus élevée à 480°C, 18 % contre 15 % pour les PET-AlPi-DP 9-1. Quels que soient les POSS utilisés, les masses restantes à très hautes températures sont aux environs de 4 %. Concernant les dégradations pyrolytiques (**Fig. 22b**), aucunes différences significatives ne sont à observer entre les dégradations des multifilaments chargés.

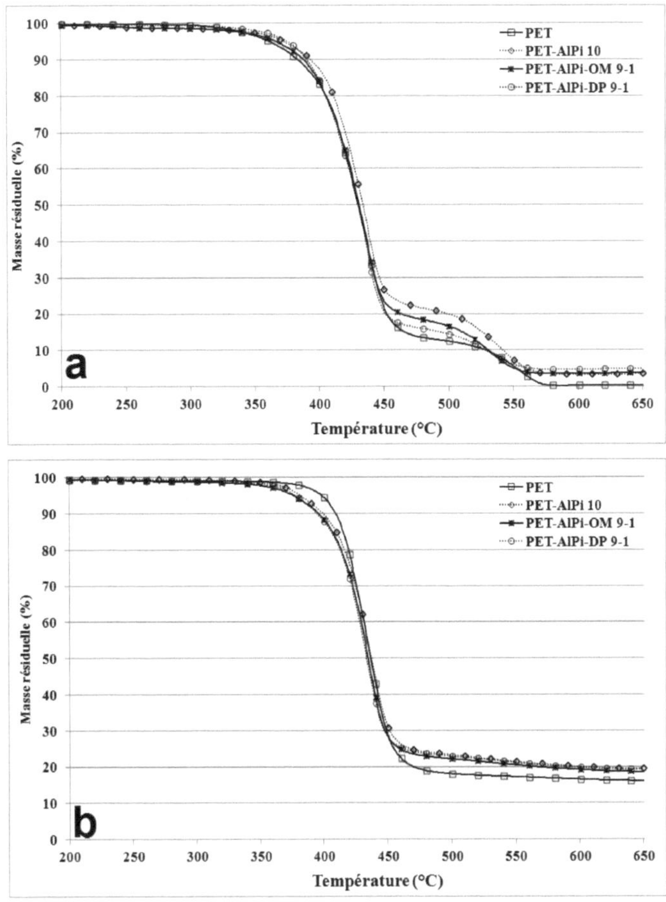

Fig 22.   Courbes thermogravimétriques (a) sous air ; (b) sous azote
(cinétique de chauffage : 10°C/min)

Les interactions entre AlPi, OM-POSS et DP-POSS dans le PET ont été étudiées sous air et la **Figure 23** regroupe les différentes courbes de perte de masse. La présence des phosphinates d'aluminium à hauteur de 10 % en masse dans le PET augmente la stabilité thermique du mélange dans la plage de températures comprise entre 340 et 530°C et qui correspond à l'intervalle où l'additif phosphoré se décompose. Le $\Delta(M(T))$ négatif aux hautes températures montre que les interactions entre PET et AlPi génèrent plus de composés volatils. En comparaison avec le PET-AlPi 10, l'insertion des OM-POSS baisse la stabilité du polymère avec seulement deux intervalles de températures où $\Delta(M(T))$ est positif mais n'excède pas les 2 %. Substituer les OM-POSS par les DP-POSS révèle un comportement thermique différent. Mise à part une légère stabilisation entre 310 et 400°C, l'association de l'AlPi et des DP-POSS dans le PET conduit à une déstabilisation durant la décomposition des multifilaments. Les effets négatifs des POSS sur la stabilité thermiques des polymères sont évoqués par Bourbigot *et al.* [4] où les courbes de différence de masse de mélanges PU/POSS sont négatives sur toute la plage de température entre 200 et 800°C mettant en évidence la déstabilisation du PU par les POSS durant sa dégradation.

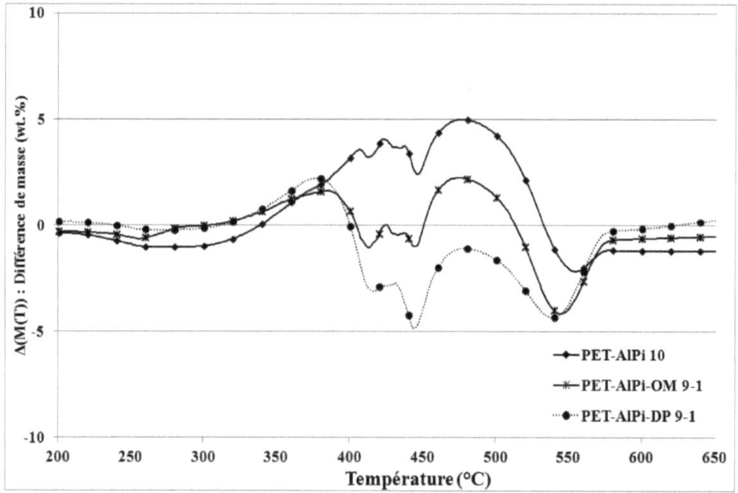

Fig 23. Influence des charges AlPi, OM-POSS et DP-POSS sur la stabilité thermique du PET (Atmosphère : air ; cinétique de chauffage : 10°C/min)

IV.2.3- Analyse des propriétés au feu

❖ *Test UL 94*

Les résultats du test UL 94 sont présentés dans le **Tableau 14** selon les critères décrits dans le **Chapitre II**. Les échantillons en PET montrent un mauvais comportement au feu avec un effet de gouttage quasi instantané. Dès les premières secondes où la flamme est appliquée, on observe la chute de gouttes enflammées qui entrainent l'ignition du coton. Les éprouvettes sont entièrement consumées et le matériau ne peut donc pas être classé. L'ajout de 10 wt.% de phosphinates d'aluminium améliore remarquablement la réaction au feu des textiles. Les temps de post-combustion, T_1 et T_2, ne dépassent pas 1 s et les éprouvettes ne brulent pas complètement (**Fig. 24A**). Le paramètre discriminant des structures PET-AlPi 10 reste l'effet de gouttage. Cependant, il est intéressant de noter que l'inflammabilité des gouttes a été considérablement réduite ce qui a limité le nombre de fois où le coton s'est enflammé. Le matériau est donc classé V-2. Les textiles en PET-AlPi-OM 9-1 ont un comportement similaire à ceux en PET-AlPi 10. Les éprouvettes enflammées s'éteignent rapidement et conservent en moyenne 8 cm de leur longueur initiale (**Fig. 24B**). L'utilisation des DP-POSS au lieu des OM-POSS semble affecter légèrement la réaction au feu des tricots. Les structures en PET-AlPi-DP 9-1 générèrent des gouttes plus enflammées qui augmentent le risque d'ignition du coton. La longueur d'éprouvette consumée est semblable à celle des textiles en PET-AlPi 10 (**Fig. 24C**). Lorsque la flamme est appliquée sur les matériaux ignifugés, nous observons la formation de couches carbonées spécifiques au mécanisme d'ignifugation en phase condensée. Cependant, elles chutent sur le coton sous l'effet de la gravité. En somme, associer les POSS aux charges phosphorées ne montre pas d'effets positifs significatifs durant les tests UL 94 étant donné le classement identique de tous les matériaux ignifugés.

Echantillon	T_1 (s)	T_2 (s)	Temps total (s)	Longueur consumée	Inflammation du coton*	Classement
PET	3	170	173	12,5	5	-
PET-AlPi 10	1	1	2	$3 \pm 1,1$	1	V-2
PET-AlPi-OM 9-1	2	1	3	$4 \pm 0,4$	1	V-2
PET-AlPi-DP 9-1	2	4	6	$2,9 \pm 0,9$	2	V-2

* Nombre de fois sur 5 essais

Tab 14. Résultats au test UL 94

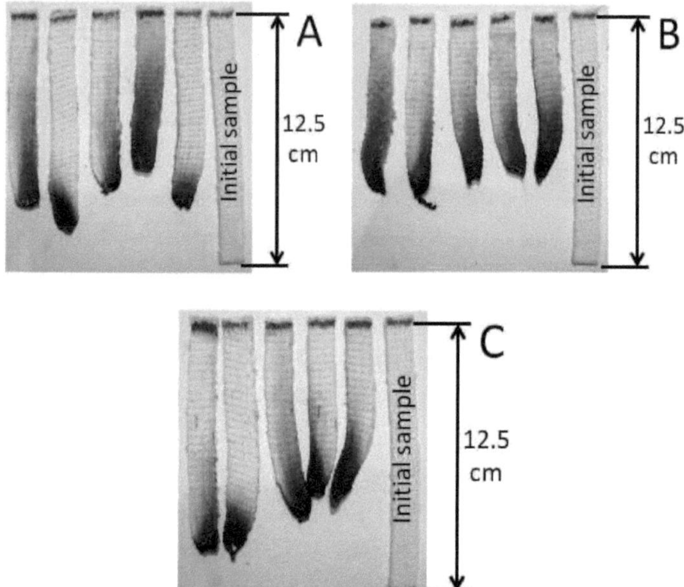

Fig 24. Eprouvettes après le test UL 94 (A) PET-AlPi 10 ; (B) PET-AlPi-OM 9-1 ; (C) PET-AlPi-DP 9-1

❖ *Cône calorimètre*

Les caractérisations au cône ont été faites sur des échantillons en trois couches de tricot, l'intérêt étant d'avoir une masse significative proche de 40 g pour que les effets des nanoparticules soient visibles. Les résultats des mesures sont résumés dans le **Tableau 15** et les courbes RHR des structures fibreuses caractérisées sont tracées dans la **Figure 25**. Le matériau de référence, à base de PET vierge, montre un PRHR de 321 kW/m² et une quantité totale de chaleur dégagée de 26 MJ/m². Les phosphinates d'aluminium affectent significativement le temps d'ignition des textiles ; la combustion de ces derniers démarre à 586 s alors que les textiles en PET brulent à 363 s. Cette ignition retardée a été observée par Alongi *et al.* [12] en appliquant de l'AlPi sur des textiles en coton par traitement sol-gel. Les additifs phosphorés n'ont pas d'effets pertinents sur la réduction du PRHR où le THE en tenant compte des limites d'incertitude. Une perte de masse plus élevée est également observée témoignant d'une libération plus importante de produits volatils, qui peut être corrélée à la courbe

$\Delta(M(T))$ pour des températures au-dessus de 550°C. En présence d'AlPi, une plus grande quantité de matière est dégradée mais la quantité totale de chaleur dégagée est plus basse. En conséquence, la chaleur effective de combustion (EHC) est réduite de 1,82 à 1,11 MJ/m²/g. La substitution des additifs phosphorés pas les DP-POSS à 1 wt.% n'a pas d'effets significatifs ni sur le temps d'ignition, ni sur le THE mais baisse le PRHR à 258 kW/m², soit une réduction de 20 % en comparaison avec le PRHR du PET. L'utilisation des OM-POSS au lieu des DP-POSS modifie complètement le comportement au feu des matériaux fibreux. La combustion a lieu plus tôt et une baisse considérable du PRHR est observée avec une réduction de 50 % comparée au matériau de référence. La quantité totale de chaleur dégagée est également réduite à 16 MJ/m² et le matériau ignifugé conserve environ 68 % de sa masse initiale.

Echantillon	T_{ign}	PRHR (kW/m²)	THE	Masse résiduelle	EHC
	(s)	(% réduction)	(MJ/m²)	(%)	(MJ/m²/g)
PET	363 ± 11	321 ± 36	36 ± 2	64 ± 3	$1{,}82 \pm 0{,}03$
PET-AlPi 10	586 ± 36	$300 \pm 16\ (7)$	21 ± 5	47 ± 7	$1{,}11 \pm 0{,}13$
PET-AlPi-OM 9-1	373 ± 17	$163 \pm 11\ (49)$	16 ± 2	68 ± 3	$1{,}42 \pm 0{,}06$
PET-AlPi-DP 9-1	570 ± 22	$258 \pm 12\ (20)$	23 ± 3	46 ± 8	$1{,}19 \pm 0{,}01$

Tab 15. Résultats au cône calorimètre des structures tricotées et superposés en trois couches (Flux de chaleur : 25 kW/m²)

Nous pensons que la masse résiduelle du PET-AlPi-OM 9-1 (68 %) est plus élevée que celle du PET-AlPi-DP 9-1 (46 %) en raison de son ignition anticipée. Le mécanisme d'intumescence a permis de limiter le transfert de masse et la dégradation de l'échantillon. Concernant le textile en PET-AlPi-DP 9-1, nous avons observé plusieurs ignitions sans inflammations durant la caractérisation mais pas d'inflammation maintenue avant 570 s. Ce retard de combustion a augmenté la quantité de gaz libéré élevant ainsi l'énergie de la flamme à l'ignition. Ceci pourrait expliquer le PRHR élevé et les performances médiocres des textiles contenant les DP-POSS. Fina *et al.* [3] ont investigué les performances au feu de matrices PP mélangées à des POSS fonctionnalisés avec du zinc et de l'aluminium, notés respectivement Zn-POSS et Al-POSS. Les auteurs ont montré que l'insertion des Zn-POSS n'a pas d'influence significative sur la combustion du PP contrairement aux Al-POSS qui ont amélioré le comportement au feu du polymère. Ils ont attribué ce phénomène à des effets catalytiques induits par l'aluminium durant la combustion. D'après la courbe ATG des OM-POSS (**Fig. 15a**), nous observons une dégradation anticipée des nanocharges qui pourrait favoriser des réactions chimiques avec l'aluminium. Ces réactions formeraient des fractions non combustibles Si-O-Al avec des effets catalytiques [3] qui expliqueraient l'ignition anticipée du PET-AlPi-OM 9-1. D'autre part, la stabilité thermique élevée des DP-POSS ne leur a pas permis d'interagir avec l'AlPi, ce qui a empêché ces effets catalytiques. Par conséquent, un temps d'ignition plus long a été observé pour le matériau.

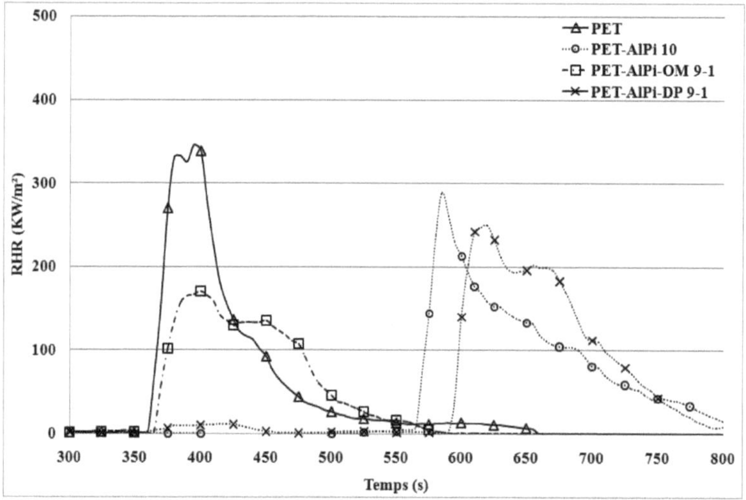

Fig 25. Courbes RHR des structures tricotées et superposés en trois couches
(Flux de chaleur : 25 kW/m²)

Les résidus des textiles après les caractérisations au cône sont présentés dans la **Figure 26**. Indépendamment de la composition des matériaux, les textiles fondent complètement en raison de leur nature thermoplastique et commencent à dégager des fumées. Quand l'ignition du PET-AlPi 10 se produit, le matériau développe une couche carbonée dense et épaisse (**Fig. 26b**) qui explique la baisse graduelle du débit calorique (**Fig. 25**). Mis à part le temps d'ignition, les textiles contenant de mélanges AlPi et POSS réagissent de la même manière durant la combustion. Le mécanisme d'intumescence s'enclenche aussitôt que l'ignition se produit : une structure se développe et gonfle pour les systèmes PET-AlPi-OM 9-1 (**Fig. 26c**) et PET-AlPi-DP 9-1 (**Fig. 26d**). Le comportement des matériaux suggère une action d'ignifugation en phase condensée avec une intumescence en présence des nanocharges POSS.

Compte tenu des résultats obtenus et des différentes observations, les textiles contenant des OM-POSS montrent le temps d'ignition le plus court parmi les matériaux ignifugés. Ce comportement a permis la production rapide d'une barrière physique efficace contre les contraintes thermiques extérieures. Ainsi, une masse résiduelle importante a pu être épargnée. Les textiles en PET-AlPi-DP 9-1, quant à eux, ont pris feu tardivement et ont produit un char sous les contraintes thermiques mais cette structure n'a pas été assez efficace contre le feu en raison de la quantité élevée de combustibles libérés avant l'ignition.

Fig 26.   Résidus formés après les essais au cône calorimètre (a) PET ; (b) PET-AlPi 10 (c) PET-AlPi-OM 9-1 ; (d) PET-AlPi-DP 9-1

IV.3-   Conclusion intermédiaire

Les comportements au feu de PET et de PET ignifugé sous forme textile ont été étudiés en chargeant les polymères de phosphinates d'aluminium et différents POSS. Des multifilaments en PET contenant 10 wt.% d'agents FR ont été mis en œuvre avec succès et ces derniers ont permis la production de structures textiles. De bonnes propriétés au feu ont été atteintes avec une baisse significative de l'inflammabilité du matériau sous l'application d'une flamme (UL 94). Nous avons également observé que l'incorporation d'un mélange AlPi/OM-POSS dans la matrice PET réduit le pic RHR de 50 % et le THE de 38 %, conférant au textile une très bonne résistance au feu. Les résultats au calorimètre à cône ont montré que les espèces organiques qui composent les nanoparticules POSS affectent remarquablement les propriétés ignifuges du matériau, et ce dès de très basses teneurs (1 wt.%). Ainsi, les OM-POSS ont montré une meilleure performance que les DP-POSS en association avec les phosphinates d'aluminium.

V-Conclusion

Les différents systèmes ignifugés étudiés tout au long du chapitre nous ont permis de comprendre et de mettre en évidence l'influence de plusieurs paramètres sur les propriétés au feu des matériaux.

Nous avons réussi dans la première partie à développer des fibres PET/ZnPi avec un taux d'additifs assez élevé pour obtenir une bonne résistance au feu. L'ajout de 1 wt.% de nanoparticules OM-POSS a considérablement réduit l'opacité et la toxicité des fumées libérées lors de la combustion des textiles. Cependant, l'association des phosphinates de zinc et des OM-POSS n'a pas conduit aux effets synergiques escomptés en termes de propriétés ignifugeantes.

L'effet antagoniste des OM-POSS dans les textiles résistants au feu a fait l'objet de la deuxième partie. En nous basant sur les résultats obtenus, nous avons pu écarter certains éléments qui ont peu d'influence sur les performances au feu des matériaux (grille métallique et état de dispersion des nanocharges). En revanche, des paramètres tels que la masse et la densité semblent jouer un rôle important sur le mécanisme d'intumescence du matériau PET-ZnPi-OM 9-1. Une hypothèse confortée dans la troisième partie où l'ajout des OM-POSS réduit remarquablement le PRHR quand le matériau est sous forme de plaque de masse importante (~ 40 g).

Il a été également démontré que les groupements organiques des POSS conditionnent la forme de la structure intumescente, et par conséquent les performances au feu du matériau. Ainsi, le mélange PET-ZnPi-DP 9-1 a montré de meilleures propriétés au feu que le matériau contenant les OM-POSS.

Selon les résultats reportés dans la quatrième partie, l'influence des POSS est inversée quand l'additif phosphoré comprend de l'aluminium. Des interactions entre les OM-POSS et l'AlPi ont permis d'obtenir une intumescence optimisée qui a efficacement protégé le polymère. Les métaux utilisés dans les phosphinates ont donc une influence considérable sur les réactions au feu des matériaux.

En somme, les performances au feu d'une matière sont déterminées par un choix judicieux d'additifs et par ses propriétés structurelles.

Bibliographie :

[1] Zeng J, Kumar S, Iyer S, Schiraldi D. A, Gonzalez R. I, *Reinforcement of Poly(ethylene terephthalate) fibers with Polyhedral Oligomeric Silsesquioxanes (POSS)*. High Performance Polymers 2005; **17**: 403

[2] Vannier A, Thèse de Doctorat, Université de Lille I 2008

[3] Fina A, Tabuani D, Carniato F, Frache A, Boccaleri E, Camino G, *Polyhedral oligomeric silsesquioxanes (POSS) thermal degradation*. Thermochimica Acta 2006; **440**: 36

[4] Bourbigot S, Turf T, Bellayer S, Duquesne S, *Polyhedral oligomeric silsesquioxane as flame retardant for thermoplastic polyurethane*. Polymer Degradation and Stability 2009; **94**: 1230

[5] Giraud S, Bourbigot S, Rochery M, Vroman I, Tighzert L, Delobel R, *Microencapsulation of phosphate: application to flame retarded coated cotton*. Polymer Degradation and Stability 2002; **77**: 285

[6] Jimenez M, Duquesne S, Bourbigot S, *Intumescent fire protective coating: toward a better understanding of their mechanism of action*. Thermochimica Acta 2006; **449**: 16

[7] Vannier A, Duquesne S, Bourbigot S, Alongi J, Camino G, Delobel R, *Investigation of the thermal degradation of PET, zinc phosphinate, OMPOSS and their blends – Identification of the formed species*. Thermochimica Acta 2009; **495**: 155

[8] Vannier A, Duquesne S, Bourbigot S, Castrovinci A, Camino G, Delobel R, *The use of POSS as synergist in intumescent recycled poly(ethylene terephthalate)*. Polymer Degradation and Stability 2008; **93**: 818

[9] Tata J, Alongi J, Carosio F, Frache A, *Optimization of the procedure to burn textile fabrics by cone calorimeter: Part I. Combustion behavior of polyester*. Fire and Materials 2011; **35**: 397

[10] Bourbigot S, Duquesne S, *Fire retardant polymers: recent developments and opportunities*. Journal of Materials Chemistry 2007; **17**: 2283

[11] Fina A, Abbenhuis H. C. L, Tabuani D, Camino G, *Polypropylene metal functionalised POSS nanocomposites: A study by thermogravimetric analysis*. Polymer Degradation and Stability 2006; **91**: 1064

[12] Alongi J, Ciobanu M, Malucelli G, *Novel flame retardant finishing systems for cotton fabrics based on phosphorus-containing compounds and silica derived from sol-gel processes*. Carbohydrate Polymers 2011; **85**: 599

Chapitre IV :
Développement et étude de systèmes ignifugés à taux de charges élevés

Préambule

Dans ce chapitre, nous nous intéresserons à la caractérisation de différents systèmes ignifugés à base de PET contenant un taux de charges élevé (fraction massique d'additifs de l'ordre de 20 %). L'objectif final est de transformer ces matériaux en multifilaments. Dans un premier temps, nous étudierons les modifications thermiques, rhéologiques et mécaniques qui résultent de l'ajout du poly (butylène téréphtalate) (PBT) dans une matrice poly (éthylène téréphtalate) (PET). L'insertion des charges dans la matrice polymère fera l'objet de la deuxième partie, et les propriétés des matériaux obtenus y seront commentées. Pour finir, l'aspect filable de ces derniers sera étudié dans la dernière section.

I- Etude préliminaire sur des mélanges PET/PBT

Mélanger deux types de polyesters présente un grand intérêt technologique car cette méthode permet d'ajuster les propriétés de chacun des composants du mélange. Dans cette étude, nous nous intéresserons à l'utilisation du PBT en tant qu'agent plastifiant potentiel pour le filage du PET. En effet, peu de plastifiants résistent aux températures élevées de mise en œuvre du PET. Aussi, l'amélioration des propriétés rhéologiques du PET en présence du PBT permettrait d'envisager l'insertion d'additifs à des teneurs plus élevées.

I.1- Matériaux et mise en œuvre

Le PET et le PBT, décrits dans le **Chapitre II**, ont été séchés à 80°C pendant 12 h avant l'étape d'extrusion. Les formulations (**Tab 1**) ont été transformées en granulés suivant le profil de température : 260°C/260°C/258°C/254°C/248°C. Les granulés ont été ensuite transformés en multifilaments par filage en voie fondue. Deux profils ont été choisis (**Tab 2**) ; le profil A a permis de développer les multifilaments PET, PEBT 2, PEBT 4, PEBT 10, PEBT 20 et PEBT 50. A cette température (260°C), le PBT est très au-dessus de sa température de fusion, il est donc très fluide et s'avère impossible à filer. Par conséquent, le profil B a été préféré pour le filage du PBT.

Désignation	PET	PEBT 2	PEBT 4	PEBT 10	PEBT 20	PEBT 50	PBT
PET (wt.%)	100	98	96	90	80	50	0
PBT (wt.%)	0	2	4	10	20	50	100

Tab 1.   Formulations des matériaux

	Température des filières (°C)	Débit de la pompe (cm³/min)	Rouleau 1 (°C)	Rouleau 1 (m/min)	Rouleau 2 (°C)	Rouleau 2 (m/min)
Profil A	260	66,5	100	200	120	600
Profil B	230	66,5	80	200	90	600

Tab 2.   Paramètres de filage

I.2- Caractérisation des matériaux

I.2.1-   Analyse du comportement thermique

Les caractéristiques thermiques des granulés obtenus par extrusion ont été déterminées par DSC suivant les paramètres détaillés dans le **Chapitre II** (cinétiques de chauffage et de refroidissement : 10°C/min). La **Figure 1** présente les températures de transition vitreuse (T_g) des différents mélanges. L'unicité de la T_g prouve la miscibilité des phases amorphes des homopolymères comme rapporté dans la littérature [1]. De plus, les valeurs obtenues sont similaires à celles prédites par la loi de Fox (Eq. 1).

$$\frac{1}{T_g} = \frac{W_1}{T_{g1}} + \frac{W_2}{T_{g2}} \qquad \text{Eq. 1}$$

T_i : température de transition vitreuse du polymère i

W_i : taux massique du polymère i

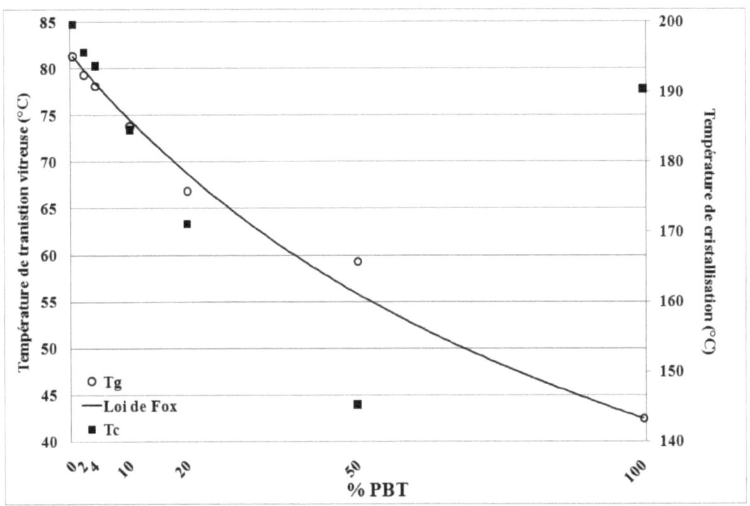

Fig 1.   Evolution des températures de transition vitreuse et de cristallisation en fonction du pourcentage de PBT utilisé

D'après la **Figure 2**, nous constatons l'apparition d'un deuxième pic de fusion à partir de 20 wt.% de PBT dans la matrice. Ce pic, apparenté à la fusion du PBT vierge, pourrait être expliqué par la ségrégation des phases cristallines des deux polymères.

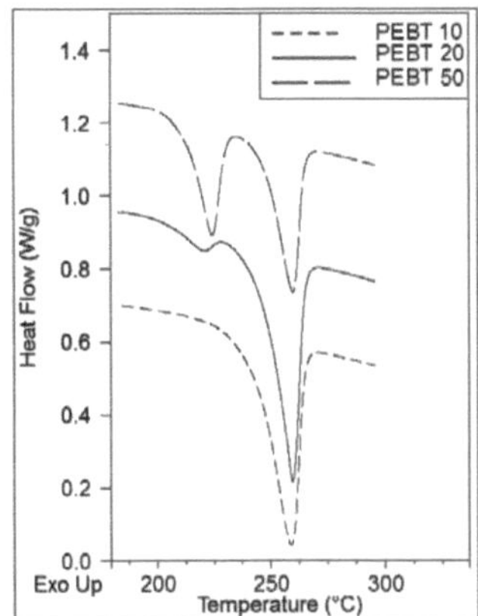

Fig 2.   Pics de fusion des mélanges PEBT

Durant le cycle de refroidissement des mélanges, nous observons une baisse de la température de cristallisation T_c avec l'ajout du PBT (**Fig. 1**). Une chute considérable de T_c est relevée pour le matériau PEBT 50. Ce phénomène est expliqué, d'après Escala *et al.* [2], par les cristallisations indépendantes des homopolymères qui se gêneraient mutuellement et ralentiraient la cinétique de cristallisation du matériau. Ainsi, l'ajout du PBT dans le PET joue un rôle dans le comportement thermique du matériau.

I.2.2-   Analyse de la stabilité thermique

Les granulés de polyesters et leurs dérivés ont été analysés par ATG sous air afin de vérifier leurs stabilités thermiques (**Fig. 3**). Nous nous sommes intéressés exclusivement aux débuts de dégradation pour voir si l'insertion du PBT affecte les propriétés thermiques de la matrice. L'ajout du PBT jusqu'à 10 % en masse améliore légèrement la stabilité thermique du mélange. Nous notons également que le PEBT 20 est plus stable que le PET jusqu'à 400°C. Comme nos températures de mise en œuvre ne dépassent pas 300°C, nous pouvons affirmer que l'insertion de PBT ne déstabilise pas le mélange durant sa transformation en voie fondue.

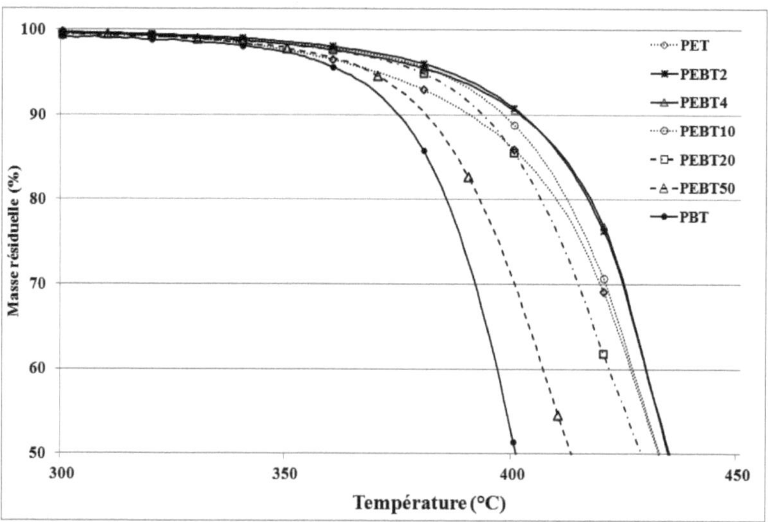

Fig 3.   Courbes thermogravimétriques des granulés sous air
(cinétique de chauffage : 10°C/min)

I.2.3-   Analyse des propriétés rhéologiques

Les mesures rhéologiques ont été effectuées à 260, 262 et 265°C (**Fig. 4**) où 260°C est la température des filières et les deux autres sont choisies afin d'analyser l'évolution de la viscosité. Les viscosités à 262 et 265°C sont similaires en raison de la fusion totale des polyesters et de leurs mélanges à ces températures. Les différences de propriétés rhéologiques entre les matériaux sont plus visibles à 260°C. Le PEBT 4 montre le pic le plus élevé (473 Pa.s) suivi d'une chute importante à 175 Pa.s avec le PEBT 10. La même tendance a été observée par Mishra *et al.* [3]. Les auteurs expliquent l'augmentation de la viscosité par un enchevêtrement plus important entre les macromolécules des deux homopolymères qui réduit fortement leur mobilité. La fluidité du mélange est expliquée, quant à elle, par la séparation de la phase PBT dans le mélange, ce qui limite l'effet d'enchevêtrement. De plus, la température de fusion du PBT est aux alentours de 230°C, il affiche donc une fluidité élevée à la température de caractérisation (260°C) ce qui baisse la viscosité totale du mélange. En comparant les viscosités du PEBT4 et PEBT10 avec celle du PET (222 Pa.s), nous constatons qu'il est possible de faire varier les propriétés rhéologiques du polymère avec l'ajout de faibles fractions massiques de PBT. Le poly (butylène téréphtalate) agit ainsi comme agent rhéofluidifiant ou rhéoépaississant dans une matrice PET.

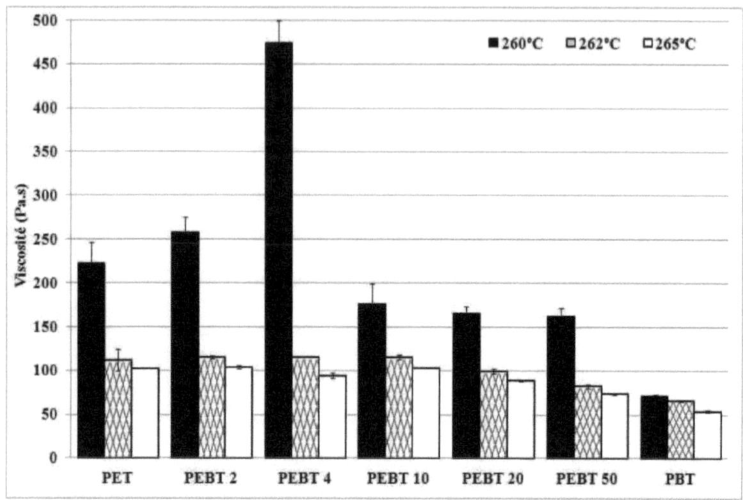

Fig 4.   Evolution des viscosités en fonction du pourcentage de PBT utilisé

I.2.4-   Analyse des propriétés mécaniques

Les multifilaments à base de PET, PBT et leurs mélanges ont été caractérisés à l'aide du banc de traction MTS (**Chapitre II**) afin de relever leurs comportements mécaniques. Seuls les forces à la rupture (**Fig. 5**) et les allongements à la rupture (**Fig. 6**) seront étudiés dans cette section. Nous observons sur la **Figure 5** que les forces maximales des multifilaments sont proches, aux alentours de 22 N, jusqu'à un taux de 50 % de PBT en masse. Nous pouvons conclure que l'ajout du PBT n'a pas d'influence négative sur les résistances des multifilaments.

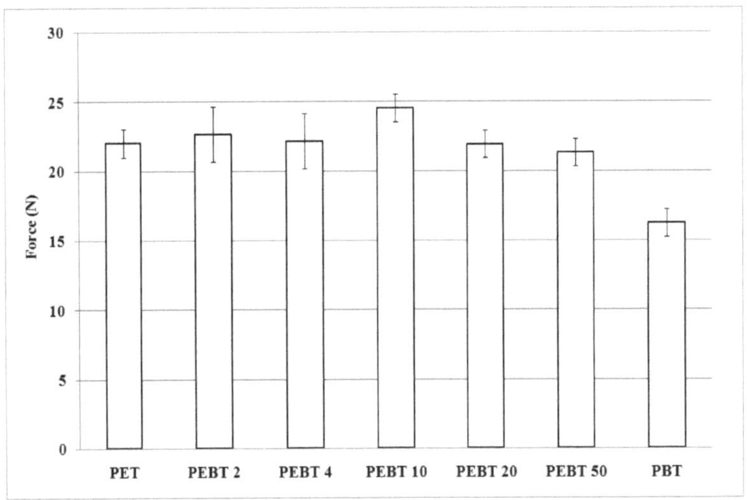

Fig 5.   Forces à la rupture des multifilaments développés à base de PET et PBT
vierges et de leurs mélanges

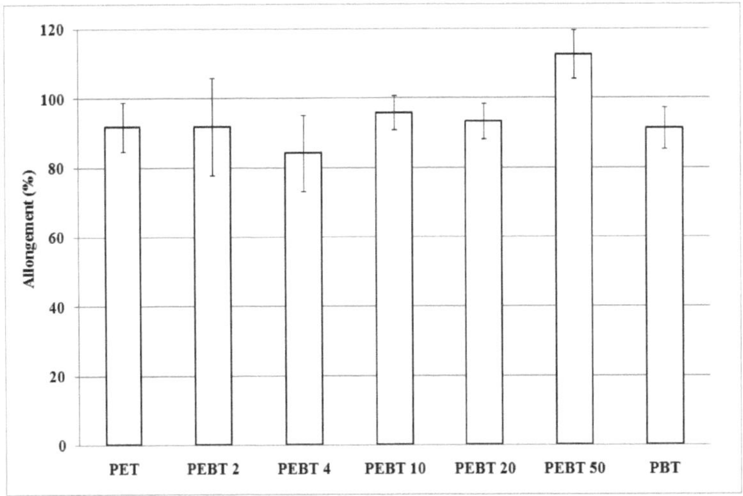

Fig 6.   Allongements à la rupture des multifilaments développés à base de PET
et PBT vierges et de leurs mélanges

Pour les déformations à la rupture (**Fig. 6**) nous constatons un minimum local à 4 %
de PBT, mais compte tenu de l'écart-type élevé nous n'associons pas cet allongement à
un comportement distinct. Par contre, le maximum à 50 % de PBT semble plus cohérent

et pourrait être relié à la cinétique de cristallisation lente du mélange PEBT 50. En effet, ce matériau passe à l'état solide plus lentement que les autres mélanges ce qui facilite sa processabilité surtout en terme d'étirage. Cet allongement nous indique que l'étirage appliqué sur les multifilaments n'est pas optimal car la zone plastique est encore importante.

I.3- Conclusion intermédiaire

Cette étude préliminaire nous a permis de vérifier l'intérêt d'utiliser le PBT en tant que plastifiant pour une matrice PET dans l'optique d'élaborer des multifilaments avec des teneurs d'additifs élevées. Nous rappelons que l'insertion de charges dans une matrice polymère génère des modifications rhéologiques et mécaniques du matériau qui pourraient compliquer l'étape de filage. Par exemple, le PET chargé pourrait couler difficilement des filières ou pourrait ne pas résister à un étirage élevé.

L'influence du PBT dans une matrice PET transformée en voie fondue a été analysée et il a été démontré que la quantité de PBT insérée conditionne les propriétés rhéologiques du mélange de polyesters développé. Nous nous sommes également assuré que le PBT peut être utilisé sans aucun risque de déstabilisation thermique ou d'altération des propriétés mécaniques.

II-Systèmes ignifugés à base de phosphinates et de POSS

Les travaux qui font l'objet de cette section visent à étudier les comportements des mélanges de polyesters en présence de charges phosphorées distinctes, les phosphinates de zinc et d'aluminium. L'accent sera mis sur les influences de ces additifs sur les propriétés thermiques, rhéologiques et au feu des matrices polymères composées de PET, PBT ou du mélange des deux. L'insertion des POSS, exclusivement les OM-POSS, ne sera considérée que pour les analyses en ATG, au rhéomètre et au cône calorimètre afin de relever les éventuelles interactions entre nanoparticules et phosphinates métalliques.

II.1- Matériaux et mise en œuvre

Le PET, le PBT, le ZnPi et l'AlPi décrits dans le **Chapitre II**, ont été séchés à 80°C pendant 12 h avant l'étape d'extrusion. Les formulations (**Tab 3**) ont été transformées en granulés suivant ce profil de température : 260°C/260°C/258°C/254°C/248°C.

Désignation*	Composition
PET-M^+Pi 20	PET et 20 wt.% de phosphinates
PEBT2-M^+Pi 20	2 wt.% de PBT dans du PET et 20 wt.% de phosphinates dans l'ensemble du mélange
PEBT4-M^+Pi 20	4 wt.% de PBT dans du PET et 20 wt.% de phosphinates dans l'ensemble du mélange
PEBT10-M^+Pi 20	10 wt.% de PBT dans du PET et 20 wt.% de phosphinates dans l'ensemble du mélange
PEBT20-M^+Pi 20	20 wt.% de PBT dans du PET et 20 wt.% de phosphinates dans l'ensemble du mélange
PEBT50-M^+Pi 20	50 wt.% de PBT dans du PET et 20 wt.% de phosphinates dans l'ensemble du mélange
PBT-M^+Pi 20	PBT et 20 wt.% de phosphinates

*M^+Pi désigne les phosphinates métalliques utilisés : ZnPi ou AlPi

Tab 3.   Formulations des matériaux

II.2- Caractérisation des matériaux

II.2.1-   Analyse du comportement thermique

Les caractéristiques thermiques des granulés sont déterminées par DSC suivant les paramètres détaillés dans le **Chapitre II** (cinétiques de chauffage et de refroidissement : 10°C/min). Les **Figures 7a** et **7b** représentent respectivement les thermogrammes lors du chauffage et du refroidissement des polyesters et des mélanges PET/PBT contenant du ZnPi. Les courbes DSC en montée de température (**Fig. 7a**) révèlent trois zones où des transitions thermiques sont perceptibles. La zone I, entre 195 et 215°C, est apparentée à la fusion des phosphinates de zinc (T_f donnée par le fournisseur : 219°C). La deuxième zone représente la fusion du PBT. Le pic est bien marqué pour les matériaux PBT-ZnPi 20 et PEBT50-ZnPi 20, alors qu'il ne décrit qu'une courbure pour le mélange PEBT20-ZnPi 20. Ces résultats concordent avec ceux révélés lors de l'étude des mélanges de polyesters non chargés où la ségrégation des phases cristallines du PET et PBT n'est détectable dans nos conditions de DSC qu'à partir d'un rapport 80/20 en masse. La zone III, quant à elle, correspond à la fusion du PET.

Concernant les températures de cristallisation mises en évidence par la **Fig. 7b**, nous notons une baisse de T_c avec l'augmentation de la quantité de PBT dans la matrice polymère. Cette chute est la plus marquée pour le mélange PEBT50-ZnPi 20. L'hypothèse d'une cinétique de cristallisation ralentie par les cristallisations indépendantes des deux polyesters [2] semble convenir à nos observations.

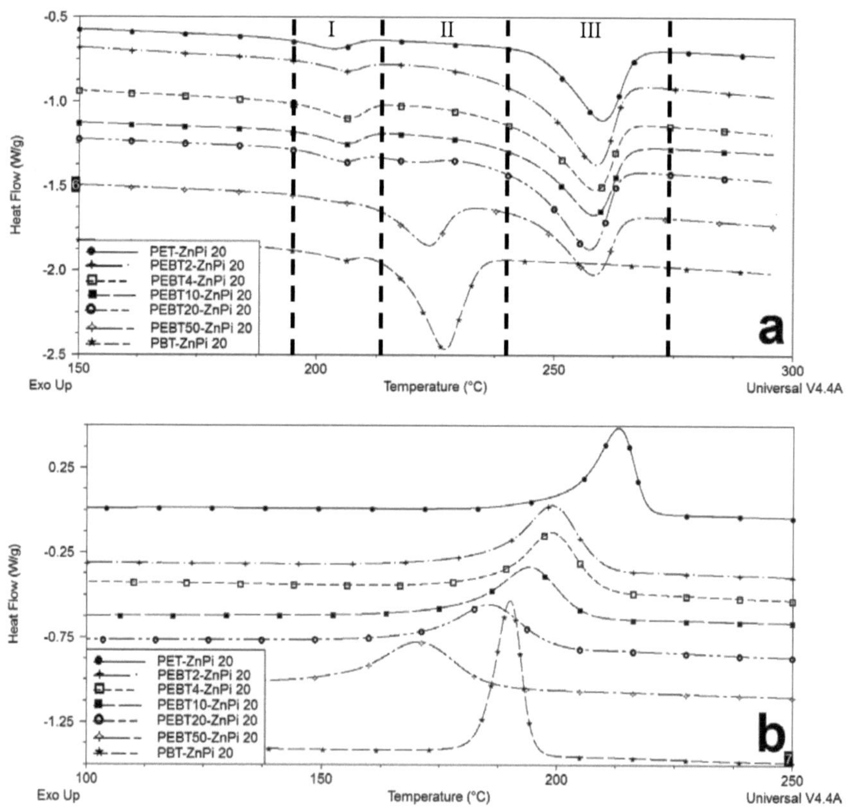

Fig 7. Courbes DSC des matériaux à 20 wt.% de ZnPi
(a) montée en température ; (b) descente en température

Les caractérisations calorimétriques des mélanges de polyesters contenant 20 wt.% de phosphinates d'aluminium sont représentées dans les **Figures 8a** et **8b**, respectivement en chauffage et refroidissement. Concernant les DSC lors d'une montée en température, là où nous distinguions trois zones avec le ZnPi (**Fig. 7a**), nous n'en relevons plus que deux (**Fig. 8a**) lorsque l'AlPi est utilisé. Ce résultat était prévisible en raison du caractère infusible des charges. Les deux zones affichant des transitions thermiques sont donc celles des fusions respectives du PBT et du PET. Nous pouvons également observer que, quel que soit le type de phosphinate inséré, les températures de fusion des polymères sont peu affectées ce qui n'est pas le cas pour les températures de cristallisation. Cette influence est visible avec les matériaux contenant 20 et 50 % de PBT dans la matrice polymère. En effet, le PEBT20-AlPi 20 affiche une T_c d'environ 160°C contre 185°C pour le PEBT20-ZnPi 20 et le PEBT50-AlPi 20 cristallise à 112°C alors que le PEBT50-ZnPi 20 a une T_c aux alentours de 170°C. Plus le taux de PBT dans la matrice est élevé, plus l'écart des T_c s'élargit entre les matériaux mis en œuvre avec les différentes charges. Les phosphinates d'aluminium semblent donc ralentir la cinétique de cristallisation des polymères en comparaison avec les phosphinates de zinc. L'aspect solide de l'AlPi pourrait induire une gêne dans la réorganisation des zones cristallines des polyesters ce qui expliquerait cette baisse des T_c.

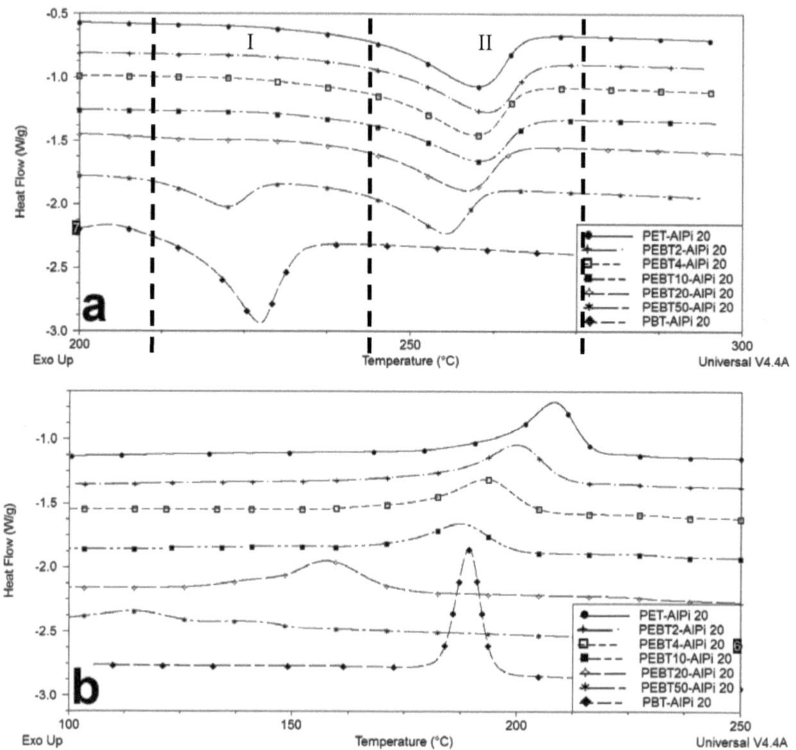

Fig 8. Courbes DSC des matériaux à 20 wt.% d'AlPi
(a) montée en température ; (b) descente en température

II.2.2- Analyse de la stabilité thermique

Les **Figures 9** et **10** montrent les dégradations thermo-oxydatives des matrices polymères contenant respectivement 20 % en masse de phosphinates de zinc et de phosphinates d'aluminium. Le taux de PBT présent dans la matrice conditionne davantage la stabilité thermique des mélanges contenant du ZnPi que ceux qui comprennent de l'AlPi. Les températures de dégradation auxquelles les échantillons perdent 5 % de leur masse initiale varient de 360°C pour le PET-ZnPi 20 à 320°C pour le PBT-ZnPi 20 (**Fig. 9**). Nous remarquons que plus la quantité de PBT est grande, plus la température de dégradation est faible. Cette tendance est moins marquée pour les mélanges avec les phosphinates d'aluminium où les températures de dégradation des matériaux sont proches jusqu'à 20 % en masse de PBT dans la matrice polymère. D'autre part, nous observons des allures de courbes différentes selon le type de phosphinates métalliques utilisé. Les mélanges contenant du ZnPi subissent une dégradation majeure alors que la présence de l'AlPi dans les mélanges génère des plateaux avec des masses résiduelles importantes entre 28 et 23 % selon la fraction massique de PBT (**Fig. 10**). Ces plateaux, apparentés à la formation de couches protectrices carbonées, décroissent graduellement avec l'augmentation de la température jusqu'à atteindre une masse résiduelle constante d'environ 7 % pour tous les matériaux.

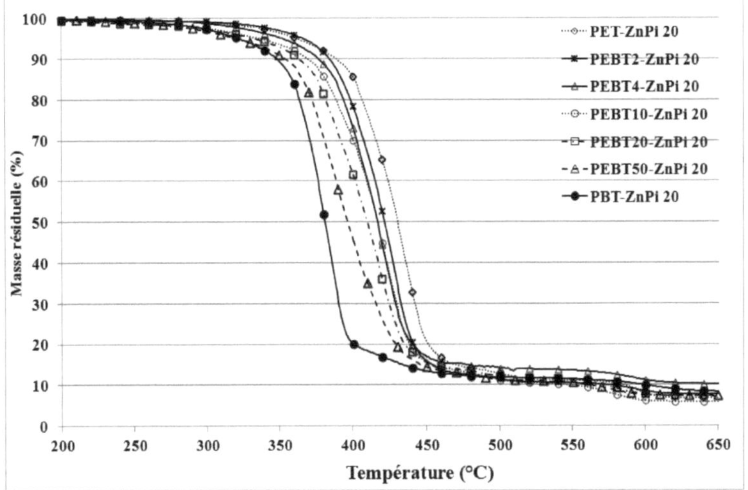

Fig 9.   Courbes thermogravimétriques des polymères contenant 20 wt.% de ZnPi (atmosphère : air ; cinétique de chauffage : 10°C/min)

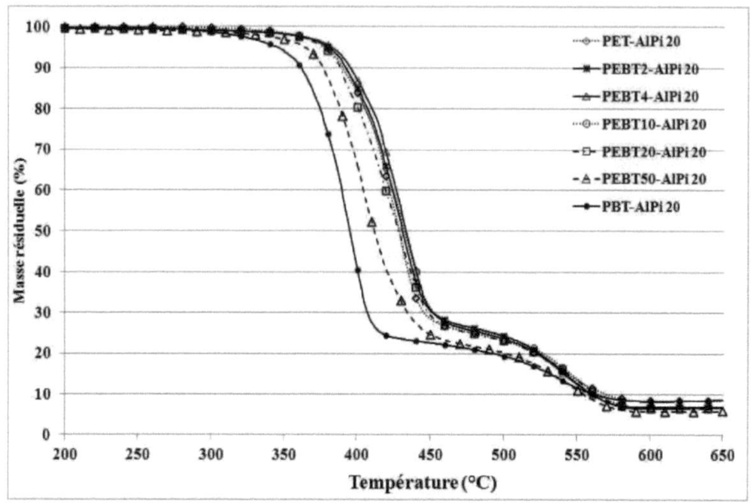

Fig 10.   Courbes thermogravimétriques des polymères contenant 20 wt.% d'AlPi
(atmosphère : air ; cinétique de chauffage : 10°C/min)

Du point de vue de la mise en œuvre, nous notons que, quels que soient la fraction massique du PBT et les phosphinates utilisés, les matériaux subissent très peu de dégradation à des températures en dessous de 300°C. Ainsi, nous nous sommes assuré que les mélanges développés peuvent être transformés en voie fondue sans risque important de dégradation thermique.

L'insertion des nanocharges silicatées sera étudiée en comparaison aux mélanges PET-ZnPi 20 et PEBT50-AlPi 20. Le choix de cette fraction massique de PBT sera justifié dans la partie relative aux caractérisations au cône calorimètre. Pour ce faire, deux formulations ont été extrudées : la première contient 18 wt.% de ZnPi et 2 wt.% d'OM-POSS dans une matrice PET, et la deuxième comprend 18 wt.% d'AlPi et 2 wt.% d'OM-POSS dans une matrice PEBT50. Les deux mélanges seront respectivement notés PET-ZnPi-OM 18-2 et PEBT50-AlPi-OM 18-2. L'association des nanocharges aux phosphinates de zinc ne semble pas affecter la stabilité du mélange ; le PET-ZnPi 20 et le PET-ZnPi-OM 18-2 ont des températures de dégradation équivalentes, des allures de courbes similaires et des masses résiduelles égales à très haute température (650°C). D'autre part, la substitution de l'AlPi par des OM-POSS à hauteur de 2 % en masse déstabilise le matériau avec une température de dégradation qui chute de 364°C (PEBT50-AlPi 20) à 335°C (PEBT50-AlPi-OM 18-2). Ce phénomène pourrait être expliqué par l'hypothèse de possibles interactions chimiques entre l'aluminium et les POSS, reportée dans la **Partie IV** du **Chapitre III**, qui induiraient des effets catalytiques de dégradation selon Fina *et al.* [4]. Les plateaux des deux matériaux contenant des phosphinates d'aluminium sont identiques avec une dégradation plus importante pour le PEBT50-AlPi 20. Ce dernier présente une masse résiduelle de 6 % contre 9 % pour le PEBT50-AlPi-OM 18-2.

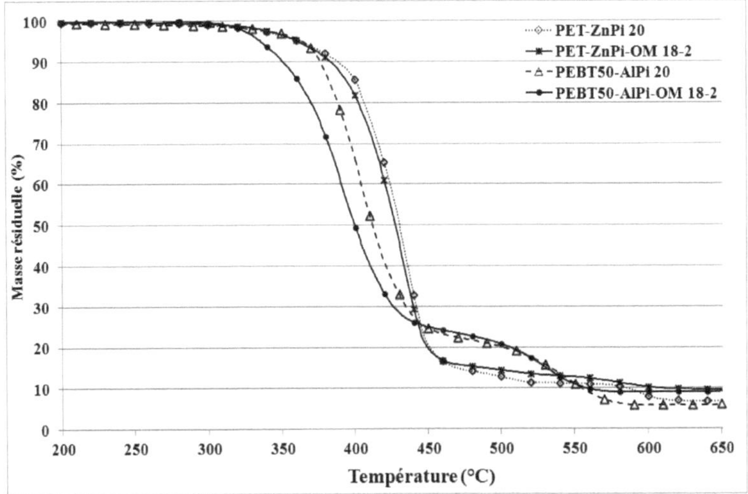

Fig 11. Courbes thermogravimétriques des polymères contenant 20 wt.% d'additifs (atmosphère : air ; cinétique de chauffage : 10°C/min)

II.2.3- Analyse des propriétés rhéologiques

Les mesures rhéologiques des mélanges contenant 20 % en masse de phosphinates métalliques (ZnPi ou AlPi) en fonction du PBT sont présentées dans la **Figure 12**. Les caractérisations sont effectuées à 270°C en raison de la faible reproductibilité des mesures pour les mélanges contenant de l'AlPi en dessous de cette température.

Les mélanges constitués de phosphinates de zinc dans du PET ou ses mélanges avec le PBT montrent des viscosités proches entre 80 et 120 Pa.s. Le caractère fusible du ZnPi permet à la matrice polymère de conserver sa fluidité. Nous constatons également que la variation de la fraction massique du PBT dans la matrice a peu d'influence sur les propriétés rhéologique du matériau.

L'incorporation des phosphinates d'aluminium confère un tout autre comportement aux différentes matrices polymères développées. A 270°C, le PET-AlPi 20 affiche une viscosité de 451 Pa.s, quatre fois plus élevée que celle du PET vierge (100 Pa.s). Cette modification du comportement rhéologique est sûrement due au caractère infusible de l'AlPi qui réduit la mobilité des chaînes macromoléculaires du polymère fondu. De plus, nous remarquons que le taux de PBT présent dans la matrice affecte la viscosité du matériau. Là où les mélanges à 20 wt.% de ZnPi montrent des viscosités similaires, les formulations avec l'AlPi semblent se fluidifier avec l'augmentation de la fraction massique de PBT inséré.

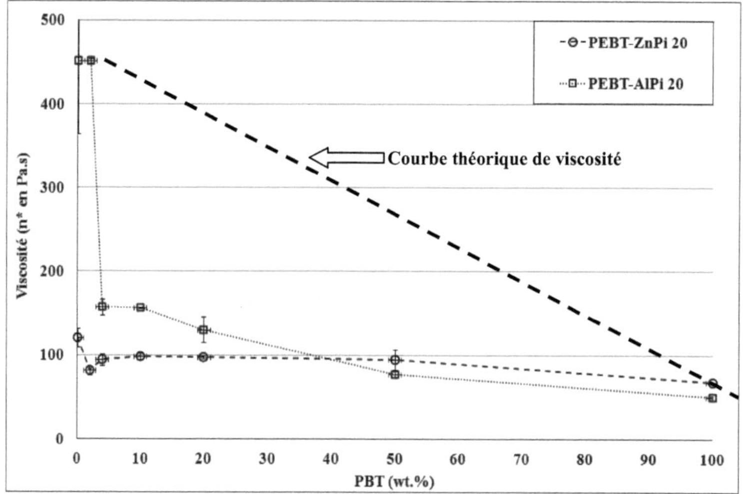

Fig 12.　Evolution des viscosités des mélanges à 20 wt.% de charges phosphorées en fonction de la fraction massique de PBT (Température : 270°C)

Pour observer l'influence du taux de PBT sur les propriétés rhéologiques des mélanges, nous avons tracé une courbe théorique de viscosité (**Fig. 12**). Elle est calculée par combinaison linéaire des viscosités des polyesters chargés pondérées par la concentration du PBT (Eq. 2). Substituer 2 wt.% de PET par du PBT n'a pas d'effet sur la viscosité du mélange avec 451 Pa.s pour le PET-AlPi 20 et le PEBT2-AlPi 20. En revanche, des différences notables sont observées dès lors que la teneur de PBT dans la matrice polymère est de 4 wt.%. La viscosité chute alors à 150 Pa.s et décroît davantage jusqu'à atteindre 77 Pa.s pour le mélange PEBT50-AlPi 20. Ce comportement pourrait être expliqué par la transestérification entre PET et PBT, phénomène défini comme l'ensemble des réactions qui se produisent au niveau des chaines macromoléculaires de mélanges de polyesters à l'état fondu [5]. De plus, il a été mis en évidence que la présence de charges phosphorées dans une matrice composée de PET et de PBT induit des modifications du comportement rhéologique [6]. Les auteurs expliquent ceci par l'allongement de chaines macromoléculaires dans le matériau, ou même par la formation de liaisons incluant des atomes de phosphore. Nos résultats semblent donc en bon accord avec la littérature.

$$\eta_{theo} = (1 - Wt\%_{PBT}) \times \eta_{PET-AlPi\,20} + Wt\%_{PBT} \times \eta_{PBT-AlPi\,20} \qquad \text{Eq. 2}$$

$Wt\%_{PBT}$: taux massique de PBT dans la matrice

$\eta_{PET-AlPi\,20}$: viscosité du mélange PET-AlPi 20

$\eta_{PBT-AlPi\,20}$: viscosité du mélange PBT-AlPi 20

Le **tableau 4** reporte les viscosités à 270°C des matériaux PET, PET-ZnPi 20, PET-ZnPi-OM 18-2, PET-AlPi 20 et PET-AlPi-OM 18-2, l'intérêt étant de vérifier si l'insertion des nanocharges OM-POSS a une influence sur la rhéologie des mélanges.

Matériau	PET	PET-ZnPi 20	PET-ZnPi-OM 18-2	PET-AlPi 20	PET-AlPi-OM 18-2
Viscosité η^* (Pa.s)	100 ± 1	126 ± 3	115 ± 5	451 ± 80	454 ± 86

Tab 4. Viscosité des matériaux à 270°C

La substitution de 2 wt.% de phosphinates de zinc par des nanocharges silicatées confère au matériau les mêmes propriétés rhéologiques que celles du PET-ZnPi 20 avec des valeurs respectives de 115 et 126 Pa.s. Ces résultats concordent avec ceux rapportés dans la littérature ; la forme tridimensionnelle sphérique des OM-POSS permet une meilleure mobilité des chaines macromoléculaires des matrices polymères et n'affecte donc pas la fluidité des matériaux. Les mêmes conclusions peuvent être tirées pour la formulation associant les phosphinates d'aluminium à 18 wt.% et les OM-POSS à 2 wt.%. Cette dernière, PET-AlPi-OM 18-2, affiche une viscosité égale à celle du PET-

AlPi 20 (~ 450 Pa.s). Les nanocharges n'influent donc pas sur le caractère visqueux du matériau.

II.2.4-   Analyse des propriétés au feu

Les formulations dont nous allons caractériser les propriétés au feu sont le PET, le PEBT50, le PET-ZnPi 20, le PET-ZnPi-OM 18-2, le PEBT50-AlPi 20 et le PEBT50-AlPi-OM 18-2. Nous avons choisi comme matrice un mélange de polyesters qui contient la fraction massique la plus élevée de PBT (PEBT50) pour vérifier l'influence de ce dernier sur le comportement au feu du mélange. Des plaques de dimensions 100 x 100 x 3 mm^3 (~ 40 g) et désignées de la même manière que les granulés qui les composent ont été élaborées suivant les paramètres décrits dans le **Chapitre II**. Le **Tableau 5** regroupe les données obtenues à l'aide des caractérisations au cône calorimètre des plaques. Les **Figures 13a** et **13b** montrent les courbes RHR des matériaux contenant respectivement des phosphinates de zinc et des phosphinates d'aluminium.

Echantillon	T_{ign} (s)	PRHR (kW/m²) (% réduction)*	THE (MJ/m²)
PET	270 ± 7	500 ± 0	39 ± 3
PET-ZnPi 20	225 ± 12	$284 \pm 14\ (43)$	24 ± 7
PET-ZnPi-OM 18-2	263 ± 11	$137 \pm 19\ (72)$	30 ± 4
PEBT50	245 ± 18	474 ± 18	42 ± 1
PEBT50-AlPi 20	323 ± 28	$303 \pm 25\ (36)$	25 ± 6
PEBT50-AlPi-OM 18-2	190 ± 26	$118 \pm 19\ (75)$	12 ± 3

* Calculée par rapport au PRHR de la matrice vierge qui constitue le matériau (PET ou PEBT50)

Tab 5.   Résultats au cône calorimètre des plaques contenant 20 % en masse d'additifs et leurs références respectives (Flux de chaleur : 25 kW/m²)

Concernant les matrices polymères non chargées, nous observons des performances au feu quasi similaires avec des valeurs de PRHR et THE proches. Les courbes RHR du PET et du PEBT50 ont la même allure, ce qui traduit un comportement analogue lors de la combustion des matériaux. Nous pouvons donc conclure que la présence de PBT, même à des fractions massiques élevées, n'a pas d'influence sur le comportement au feu du PET.

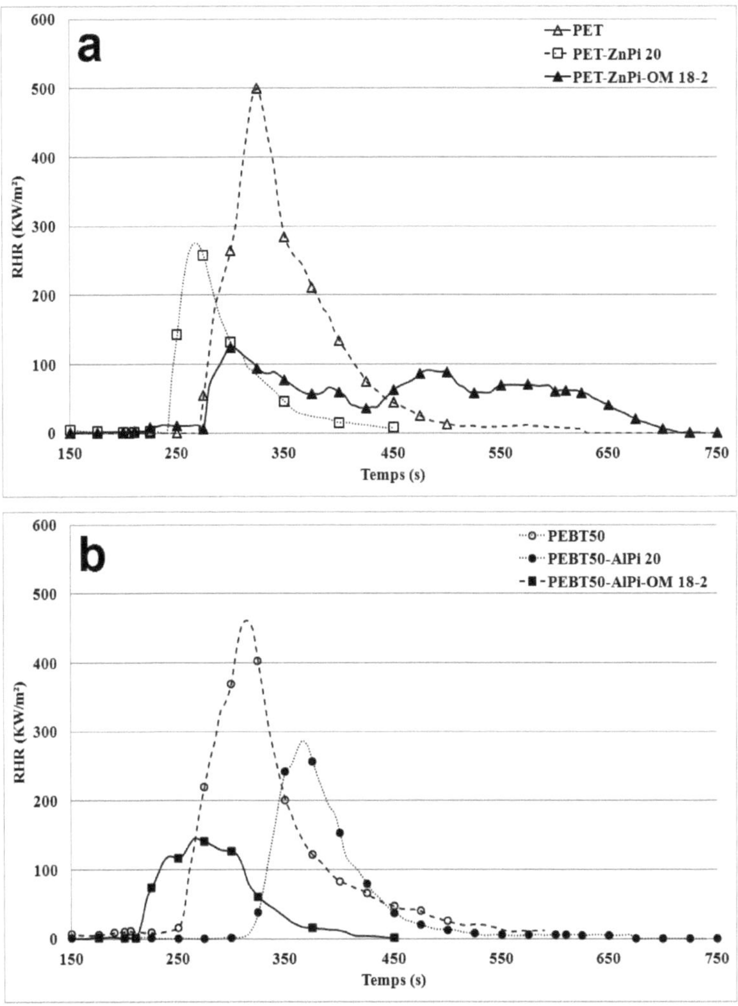

Fig 13. Courbes RHR des plaques contenant 20 % en masse d'additifs et leurs références respectives (Flux de chaleur : 25 kW/m²)

L'incorporation de 20 wt.% de ZnPi dans le PET semble anticiper la dégradation du matériau et accélérer son ignition d'environ 45 s. Ceci reflète la déstabilisation thermique du polyester en présence des phosphinates de zinc. Le PET-ZnPi 20 affiche un pic RHR plus bas que celui de la référence avec une réduction de 43 %. La quantité totale de chaleur dégagée est également réduite, passant de 39 MJ/m² pour le PET à 24 MJ/m². Sans grande surprise, les propriétés au feu du PET sont donc améliorées en présence des additifs FR à hauteur de 20 % en masse. La substitution de 2 wt.% de phosphinates de zinc par des OM-POSS retarde l'ignition du matériau et baisse remarquablement le PRHR du polymère ignifugé à 137 kW/m² ; la réduction observée est supérieure à 70 %. Cependant, l'association des POSS au ZnPi semble augmenter le THE, cette valeur élevée s'expliquant par un temps de combustion long dépassant les 400 s (**Fig. 13a**). En comparaison avec les systèmes ignifugés à 10 wt.% (**Tab 11**, **Chapitre III**), nous constatons qu'augmenter le taux charges améliore les performances au feu du PET en termes de pic de débit calorifique. Cette observation n'est cependant pas applicable aux quantités totales de chaleur dégagée.

L'ajout des phosphinates d'aluminium dans la matrice constituée des mélanges de polyesters retarde considérablement le temps d'ignition du matériau. Les propriétés retard au feu de ce dernier sont donc bien meilleures que celles du PEBT50. Nous constatons également une réduction du PRHR de 36 % et une baisse de la quantité totale de chaleur dégagée de 40 %, réductions similaires à celles observées dans le mélange PET-ZnPi 20. L'association des POSS à l'AlPi diminue le temps d'ignition du matériau de la même manière que pour les textiles PET-AlPi-OM 9-1 étudiés dans le **Chapitre III**. Les nanocharges silicatées font baisser le PRHR du polymère ignifugé à 118 kW/m² atteignant ainsi une réduction de 75 %. Contrairement au PET-ZnPi-OM 18-2, le PEBT50-AlPi-OM 18-2 génère peu de chaleur lors de sa combustion (12 MJ/m²) en raison de son extinction rapide (**Fig. 13b**).

Les résidus formés après la combustion des plaques chargées sont montrés dans les **Figures 14A** à **14D**. L'aspect des structures privilégie l'hypothèse d'une ignifugation essentiellement en phase condensée. De plus, l'allure des courbes RHR avec un pic vers le début de la combustion est caractéristique des matériaux charbonisants [7].

Tel que pour le matériau PET-ZnPi 10, le résidu obtenu du PET-ZnPi 20 est une couche carbonée dont le développement est perceptible dès l'ignition du matériau. La structure est dense et présente une faible prise de volume (**Fig. 14A**). L'ajout des OM-POSS à 2 % en masse dans le mélange favorise remarquablement le gonflement de la structure qui s'est traduit par une baisse considérable du pic RHR (**Fig. 14B**). Cependant, la barrière physique réalisée par le char n'est que partiellement efficace. La flamme a persisté durant 400 s en raison des orifices en surface de la structure qui ont permis aux éléments combustibles du matériau de s'échapper et d'entretenir le « triangle du feu ».

La combustion du PEBT50-AlPi 20 donne un résidu bien développé et cela en absence des nanocharges (**Fig. 14C**). Ce phénomène d'intumescence a été également observé par Brehme *et al.* [8] à l'ajout de 20 wt.% d'AlPi dans une matrice PBT. Le même type de structures est obtenu avec le PEBT50-AlPi-OM 18-2 ; le char présente néanmoins de meilleures propriétés ignifugeantes avec un pic RHR et une quantité totale de chaleur dégagées plus bas.

Compte tenu des résultats obtenus et des différentes observations visuelles, nous pouvons considérer que les performances au feu engendrées par le mélange AlPi/OM-POSS sont meilleures que celles du mélange ZnPi/OM-POSS. Un élément de réponse pourrait résider dans le mécanisme d'ignifugation des phosphinates d'aluminium. Il a été mis en évidence dans la littérature [8] que la dégradation de l'AlPi dans une matrice PBT génère des composés volatils phosphorés potentiellement actifs en tant qu'agents ignifuges. Cette ignifugation en phase gaz pourrait être la raison de l'extinction rapide des flammes pour le PEBT50-AlPi-OM 18-2. D'autre part, cette inhibition des réactions radicalaires ne semble pas avoir lieu avec le PET-ZnPi-OM 18-2, d'où un temps de combustion long.

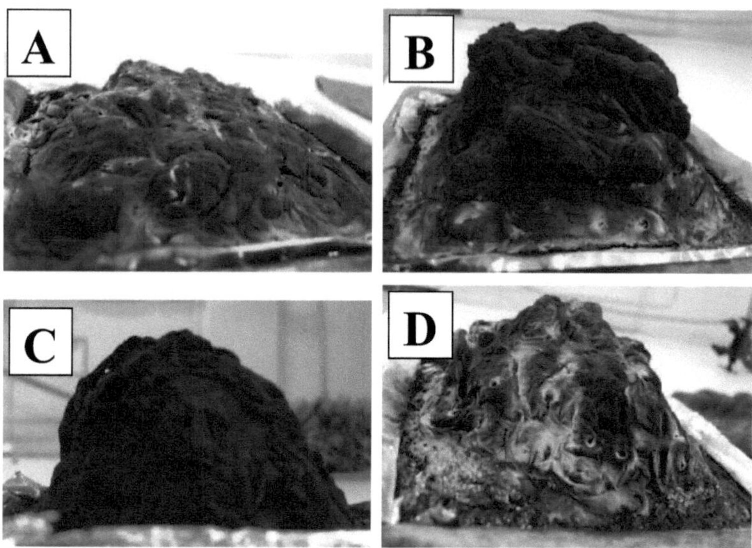

Fig 14. Résidus des tests au cône calorimètre (A) PET-ZnPi 20
(B) PET-ZnPi-OM 18-2 ; (C) PEBT50-AlPi 20 ; (D) PEBT50-AlPi-OM 18-2

II.3- Conclusion intermédiaire

Dans cette partie, l'incorporation de deux types de phosphinates métalliques dans une matrice polyester a été étudiée. La présence de ces additifs dans les matériaux développés n'affecte pas leurs températures de fusion mais influence leurs cinétiques de cristallisation en fonction de la fraction massique du PBT dans le PET. Les phosphinates d'aluminium, du fait qu'ils soient infusibles, augmentent significativement la viscosité des matériaux contrairement aux phosphinates de zinc. Cette augmentation de la viscosité est inhibée dès lors que le PBT constitue 4% du mélange PET/PBT. Finalement, les comportements au feu des mélanges chargés à 20 wt.% ont été étudiés. Les agents FR améliorent d'une façon similaire les propriétés au feu des polymères, mais se distinguent lorsque des nanocharges silicatées y sont associées. En effet, l'incorporation des POSS dans un mélange contenant de l'AlPi conduit à une ignifugation par intumescence plus performante que celle obtenue par la combinaison ZnPi/OM-POSS. L'ensemble des travaux menés dans cette section nous a permis de rassembler des données qui nous sont nécessaires pour entamer l'étude de filabilité des matériaux hautement chargés.

III- Elaboration de multifilaments à taux de charges élevés

L'étude comparative menée dans la partie précédente nous a montré que les propriétés thermiques et rhéologiques des matrices polymères varient considérablement selon les additifs phosphorés incorporés. Nous rappelons que l'AlPi contient un taux de phosphore plus élevé que le ZnPi, qu'il est infusible et qu'il présente des particules de grandes tailles. Les modifications physiques générées par l'incorporation des charges laissent présager des comportements différents des matériaux lors de leur transformation en fibres.

Pour les travaux qui suivent, nous avons décidé d'étudier l'aspect filable des mélanges hautement chargés. Nous nous intéresserons ainsi aux deux matrices polymères contenant respectivement du ZnPi et de l'AlPi. Les multifilaments qui seront filés avec succès seront caractérisés. La microscopie électronique à balayage nous permettra d'analyser l'aspect de surface des fibres et l'état de dispersion des additifs. De plus, les propriétés mécaniques des multifilaments seront déterminées.

III.1- Mise en œuvre des mélanges contenant du ZnPi

Pour toutes les fractions massiques de PBT (0, 2, 4, 10, 20 et 50 %), les mélanges PET/PBT chargés à 20 % en masse en ZnPi ont été transformés sous forme fibreuse avec succès. L'aptitude au filage a également été étudiée en présence des nanocharges silicatées. Ces dernières n'ont pas d'effets notables sur le comportement à l'écoulement du PET-ZnPi-OM 18-2 en comparaison avec les autres mélanges. Quel que soit le matériau mis en œuvre, les faisceaux en sortie de filières sont continus et possèdent une bonne fluidité. Ce comportement a permis d'amorcer la production continue des multifilaments sans grande difficulté, de leur appliquer un étirage et de les entraîner jusqu'au bobinoir.

	Température des filières (°C)	Débit de la pompe (cm³/min)	Rouleau 1 (°C)	Rouleau 1 (m/min)	Rouleau 2 (°C)	Rouleau 2 (m/min)
Profil	260	66,5	100	200	120	600

Tab 6. Paramètres de filage

Le profil détaillé dans le **Tableau 3** convient à tous les matériaux contenant 20 wt.% de phosphinates de zinc. La quantité de PBT présente dans la matrice a donc peu d'effets sur le comportement des mélanges. Il est également intéressant de rappeler que ce même profil a permis la mise en œuvre des multifilaments avec 10 wt.% de ZnPi. Cependant, le PET-ZnPi 10 résiste à des vitesses allant jusqu'à 800 m/min (son étirage maximale) alors que le PET-ZnPi 20 trouve ses limites d'étirage avec une vitesse du rouleau 2 à 600 m/min, vitesse à laquelle on observe des casses de monofilaments. La présence de ZnPi à des taux élevés perturbe peu les propriétés rhéologiques du polymère, mais réduit ses propriétés mécaniques. Cet aspect sera commenté plus en détail dans la partie dédiée à l'analyse du comportement mécanique.

III.2- Mise en œuvre des mélanges contenant de l'AlPi

L'incorporation des phosphinates d'aluminium complique l'étape de filage comme nous le constatons sur le **Tableau 4**. Les essais avec les mélanges PET-AlPi 20 jusqu'à PEBT20-AlPi 20 se sont soldés par des échecs, tandis que les matériaux contenant 50 wt.% de PBT dans la matrice polymère, PEBT50-AlPi 20 et PEBT50-AlPi-OM 18-2, ont pu être transformés en multifilaments.

Désignation	PET-AlPi 20	PEBT2-AlPi 20	PEBT4-AlPi 20	PEBT10-AlPi 20	PEBT20-AlPi 20	PEBT50-AlPi 20	PEBT50-AlPi-OM 18-2
Aspect filable	✗	✗	✗	✗	✗	✓	✓

✓ : mélange filable   ✗ : mélange non filable

Tab 7. Filabilité des matériaux

Quels que soient les paramètres de filage sélectionnés, les mélanges non filables montrent un écoulement irrégulier avec une casse systématique des faisceaux (**Fig.**

15A). Ce comportement rend impossible l'amorce de la matière sur les rouleaux du pilote. En revanche, les matériaux filables montrent sous certaines conditions un écoulement convenable qui rend possible la mise en œuvre des fibres (**Fig. 15B**).

Fig 15.   Ecoulement des faisceaux en sortie de filières
(A) Mélange non filable ; (B) Mélange filable

Le profil qui nous a permis de concevoir les multifilaments à base d'une matrice polymère PET/PBT d'un rapport 50/50 est décrit dans le **Tableau 5**. En comparaison avec le profil utilisé pour le filage des mélanges contenant du ZnPi (**Tab 3**), plusieurs paramètres ont été ajustés. La température des filières a dû être baissée pour maitriser l'écoulement de la matière. En effet, au dessus de cette température, le mélange est très fluide ce qui peut être dû au cisaillement appliqué par l'extrudeuse. De manière complémentaire, le débit de matière a été augmenté pour conférer davantage de tenue mécanique aux faisceaux de fibres produits. Finalement, la vitesse du rouleau d'étirage a été baissée pour éviter la casse des monofilaments.

	Température des filières (°C)	Débit de la pompe (cm³/min)	Rouleau 1 (°C)	Rouleau 1 (m/min)	Rouleau 2 (°C)	Rouleau 2 (m/min)
Profil	245	98	95	200	100	400

Tab 8.   Paramètres de filage

En nous basant sur les résultats d'analyse des comportements thermiques (**Fig. 8**) et des propriétés rhéologiques (**Fig. 12**) des mélanges à 20 % en masse d'AlPi, nous estimons que l'aspect filable des matériaux PEBT50-AlPi 20 et PEBT50-AlPi-OM 18-2 est attribué à leur faible viscosité à chaud et à une basse température de cristallisation qui ralentit leur solidification et les rend plus faciles à mettre en œuvre et à amorcer sur les rouleaux.

III.3-   Caractérisation des matériaux

III.3.1- Analyse de la morphologie

La **Figure 16** présente les images MEB des multifilaments chargés PET-ZnPi 20 et PEBT50-AlPi 20. Incorporer des phosphinates de zinc à hauteur de 20 % en masse dans une matrice PET a peu d'effets sur la régularité des monofilaments. L'additif ZnPi montre une bonne dispersion dans la matrice polymère. Cet aspect a permis d'atteindre une vitesse du rouleau d'étirage de 600 m/min lors du filage sans que les monofilaments ne cassent. La régularité des fibres est complètement perdue quand 20 wt.% de phosphinates d'aluminium sont incorporés dans la matrice PEBT50 (**Fig. 16B**). A cause du caractère infusible des particules et de leur taille allant jusqu'à 40 µm, la section des filaments est complètement irrégulière. L'état de surface des faisceaux est plus mauvais que celui des monofilaments PET-AlPi 10 (**Chapitre III, Fig. 20B**) avec plusieurs zones où les filaments seraient sujets à une casse facile.

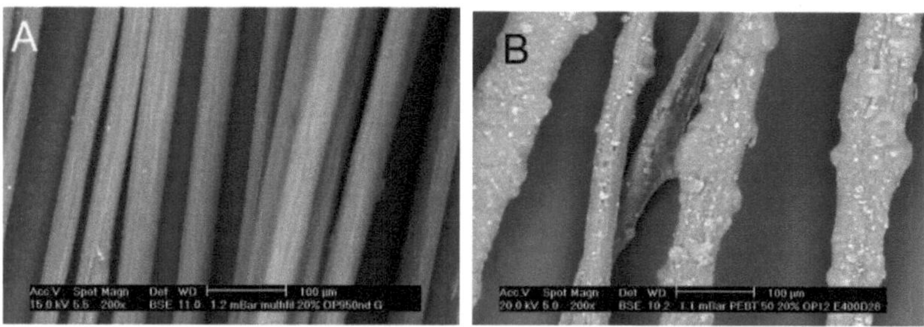

Fig 16.   Microscopie électronique à balayage des multifilaments
(A) PET-ZnPi 20 ; (B) PEBT50-AlPi 20

La **Figure 17** présente les images MEB des multifilaments chargés en phosphinates métalliques et nanocharges OM-POSS, respectivement PET-ZnPi-OM 18-2 et PEBT50-AlPi-OM 18-2. La substitution de 2 % en masse de ZnPi par des POSS altère légèrement la régularité des monofilaments avec l'apparition de bosses (encerclées sur la **Fig. 17A**). A l'opposé, la présence de POSS a peu de répercussions sur la morphologie des monofilaments PEBT50-AlPi-OM 18-2 où l'état de surface est détérioré en grande partie à cause des phosphinates d'aluminium. Nous observons aisément sur la **Figure 17B** des finesses de fibres inégales et un aspect des multifilaments qui ressemble à celui du PEBT50-AlPi 20.

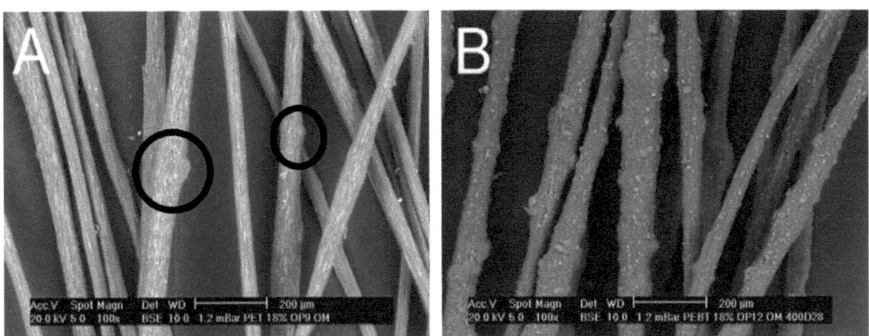

Fig 17. Microscopie électronique à balayage des multifilaments
(A) PET-ZnPi-OM 18-2 ; (B) PEBT50-AlPi-OM 18-2

III.3.2- Analyse des propriétés mécaniques

❖ *Mélanges contenant des phosphinates de zinc*

Les monofilaments de PET, PET-ZnPi 20 et PET-ZnPi-OM 18-2 ont été caractérisés à l'aide du banc de traction ZWICK (**Chapitre II**) afin de relever leurs forces à la rupture (**Fig. 18A**) et leurs allongements à la rupture (**Fig. 18B**). Nous rappelons que ces matériaux ont été mis en œuvre suivant les mêmes paramètres de filage (**Tab 3**) pour assurer une étude comparative cohérente. Les diamètres moyens des monofilaments, mesurés par MEB et vérifiés par Vibroskop, sont semblables pour le PET et le PET-ZnPi 20 (40 ± 2 µm) et légèrement supérieurs pour le PET-ZnPi-OM 18-2 (43 ± 6 µm). L'insertion du ZnPi à 20 % en masse dans la matrice PET affecte considérablement la force à la rupture du matériau (**Fig. 18A**). Cette dernière chute de 31 cN pour les monofilaments de référence à 16 cN pour le PET-ZnPi 20, ce qui équivaut à une réduction d'environ 50 %. La substitution des phosphinates par les nanocharges a peu d'effets sur la force à la rupture des monofilaments. Concernant l'allongement à la rupture, le PET-ZnPi 20 s'étire moins que le PET vierge (60 contre 87 %

d'allongement) ce qui est sûrement dû à la discontinuité de phases générée par l'immiscibilité de l'additif dans la matrice polymère. Compte-tenu des écarts-types, nous pouvons considérer que l'ajout des nanocharges a peu d'influence sur la plasticité du matériau.

En comparaison avec les systèmes faiblement chargés, PET-ZnPi 10 et PET-ZnPi-OM 9-1 (**Chapitre III**, **Tab 3**), nous observons que l'augmentation de la teneur d'additif a des conséquences négatives sur les propriétés mécaniques des fibres élaborées. En effet, les forces à la rupture ainsi que les allongements à la rupture sont détériorés ce qui limite les conditions de mise en œuvre (*e.g.* Taux d'étirage).

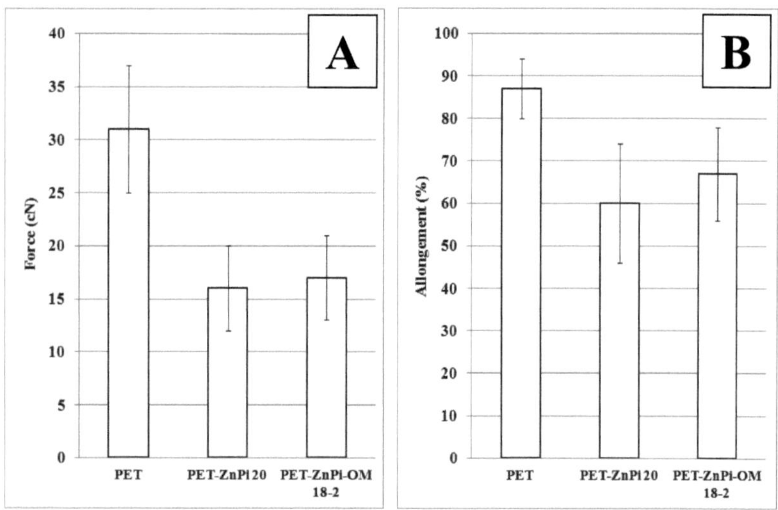

Fig 18.   Propriétés mécaniques des monofilaments
(A) Force à la rupture ; (B) Allongement à la rupture

❖ *Mélanges contenant des phosphinates d'aluminium*

Afin de permettre la comparaison, un mélange PET/PBT d'un rapport 50/50, désigné PEBT50, a été mis en œuvre suivant les paramètres de filage des mélanges PEBT50-AlPi 20 et PEBT50-AlPi-OM 18-2 (**Tab 5**). Les diamètres des monofilaments (**Fig. 19**) ont été mesurés par MEB et vérifiés par Vibroskop (**Chapitre II**). Les fibres ont été également caractérisées à l'aide du banc de traction ZWICK afin de relever leurs forces à la rupture (**Fig. 20A**) et leurs allongements à la rupture (**Fig. 20B**).

La présence des phosphinates d'aluminium à 20 % en masse dans le mélange de polyesters a une influence considérable sur les diamètres des monofilaments (**Fig. 19**), ces derniers passant de 55 μm pour les monofilaments de référence à environ 80 μm pour ceux qui sont chargés. Nous notons également un écart-type élevé qui reflète la mauvaise dispersion des charges phosphorées et l'irrégularité des monofilaments. Dans les mêmes conditions de filage, la force à la rupture du PEBT50-AlPi 20 subit une réduction de 75 % comparée à celle du PEBT50 (**Fig. 20A**). Aussi, l'allongement à la rupture chute de 85 % pour la référence à 21 % pour le matériau chargé à 20 % de phosphinates d'aluminium (**Fig. 20B**). L'incorporation des nanocharges silicatées a des effets négligeables sur les propriétés mécaniques des monofilaments. La force à la rupture passe de 9 cN pour le PEBT50-AlPi 20 à 10 cN pour le PEBT50-AlPi-OM 18-2 et l'allongement à la rupture de 21 % à 18 %.

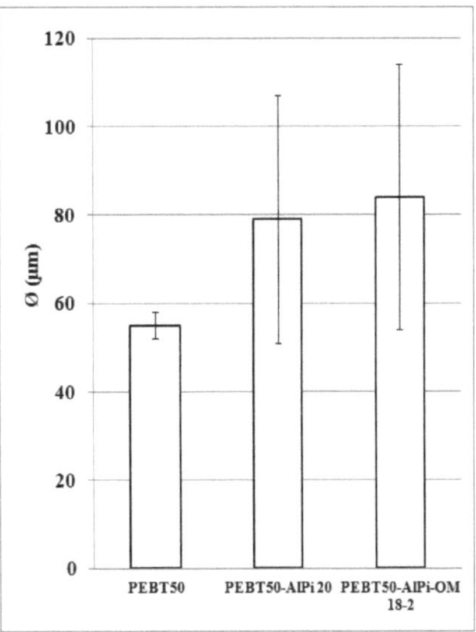

Fig 19. Diamètres moyens des monofilaments

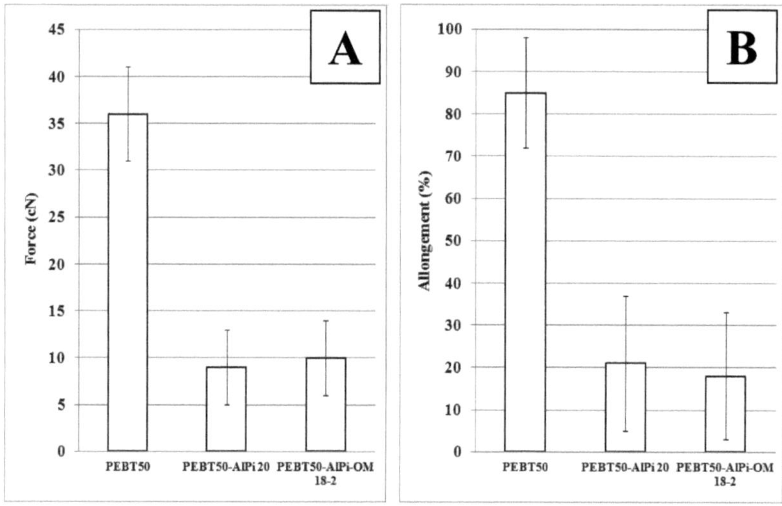

Fig 20. Propriétés mécaniques des monofilaments
(A) Force à la rupture ; (B) Allongement à la rupture

En somme, le comportement mécanique des matériaux est sévèrement affecté en présence des charges infusibles. Comme présagé lors de l'analyse morphologique, la concentration des additifs dans certaines zones favorise la casse des monofilaments. Cela étant dit, les propriétés mécaniques globales des mélanges PEBT50-AlPi 20 et PEBT50-AlPi-OM 18-2 sont relativement bonnes quand les 80 monofilaments sont joints, sans quoi les multifilaments ne résisteraient pas à une vitesse d'étirage de 400 m/min.

III.4-   Conclusion intermédiaire

Les travaux qui ont fait l'objet de cette section nous ont permis d'étudier l'aptitude au filage du PET chargé avec des additifs aux comportements thermiques distincts. Nous avons observé que les charges fusibles, ZnPi, sont facilement mises en œuvre grâce à leur bonne dispersion dans la matrice polymère. Cependant, les propriétés mécaniques du mélange décroissent proportionnellement à la fraction massique des additifs présents. L'incorporation des charges infusibles, AlPi, modifie considérablement les propriétés rhéologiques du PET rendant son filage impossible. La substitution du PET par du PBT à hauteur de 50 % en masse baisse la viscosité du mélange ainsi que sa température de cristallisation. Ces modifications nous ont permis de maîtriser les contraintes du filage en voie fondue et de développer des fibres hautement chargées avec des particules de grande taille (~ 40 µm).

IV-   Conclusion

L'objectif principal de ce chapitre était de tenter d'élaborer des matériaux fibreux contenant une fraction massique élevée de charges. Pour relever ce défi technologique, il a fallu au préalable étudier les propriétés physiques des matrices polymères vierges et des systèmes ignifugés.

Nous avons considéré dans un premier temps les mélanges de polymères et plus spécifiquement l'intérêt d'incorporer du PBT en tant que plastifiant dans une matrice PET. Il a été vérifié que le PBT altère peu la stabilité thermique et les propriétés mécaniques du mélange. Par ailleurs, les matériaux développés affichent des comportements thermiques et rhéologiques distincts selon le taux de PBT. Certaines des modifications relevées confortent l'idée que l'ajout du PBT faciliterait la mise en œuvre d'une matrice à base de PET.

L'insertion des phosphinates métalliques dans les mélanges de polyesters mis en œuvre a fait l'objet du deuxième volet du chapitre. Nous avons mis en évidence une influence des charges infusibles sur la cinétique de cristallisation des mélanges. Le comportement rhéologique de ces derniers est par ailleurs complètement différent selon le type de charges phosphorées utilisées. La caractéristique fusible des additifs joue un rôle important sur la viscosité à chaud du matériau. Les comportements au feu des systèmes ignifugés ont révélé peu de différences entre les phosphinates de zinc et d'aluminium, mais ont montré que l'insertion des nanocharges conduit à des performances distinctes. En effet, les POSS réagissent mieux avec les AlPi où une meilleure résistance au feu est observée (faible quantité totale de chaleur dégagée).

L'aspect filable des matériaux hautement chargés a été commenté dans la troisième et dernière partie du chapitre. L'insertion des phosphinates de zinc a peu d'influence sur les propriétés rhéologiques du PET ; il a donc été possible de transformer les mélanges en multifilaments. Cependant, des effets négatifs sur le comportement mécanique des fibres sont observés à un taux de charges aussi élevé. L'ajout des phosphinates d'aluminium à 20 % en masse rend impossible le filage du PET et le rôle du PBT prend alors tout son sens. En effet, la substitution du PET par du PBT à 50 % en masse de la matrice polymère a permis d'améliorer l'écoulement de la matière lors du filage en voie fondue et par conséquent l'obtention de multifilaments. Ces résultats inédits ouvrent la voie à plusieurs domaines d'applications où une teneur élevée d'additifs est nécessaire (*e.g.* matériaux nontissés).

185

Bibliographie :

[1] Avramova N, *Amorphous poly(ethylene terephthalate)/poly(butylene terephthalate) blends: miscibility and properties.* Polymer 1995; **36**: 801

[2] Escala A, Stein R. S, *Crystallization studies of blends of polyethylene terephthalate and polybutylene terephthalate.* Advances in Chemistry Series 1979; **176**: 455

[3] Mishra S. P, Deopura B. L, *Rheological behaviour of poly(ethylene terephthalate) and poly(butylene terephthalate) blends.* Rheologica Acta 1984; **23**: 189

[4] Fina A, Abbenhuis H. C. L, Tabuani D, Camino G, *Polypropylene metal functionalised POSS nanocomposites: A study by thermogravimetric analysis.* Polymer Degradation and Stability 2006; **91**: 1064

[5] Backson S. C. E, Kenwright A. M, Richards R. W, *A ^{13}C n.m.r. study of transesterification in mixtures of poly(ethylene terephthalate) and poly(butylene terephthalate).* Polymer 1995; **36**: 1991

[6] Jacques B, Devaux J, Legras R, *Reactions induced by triphenyl phosphite addition during melt mixing of poly(ethylene terephthalate)/poly(butylene terephthalate) blends: influence on polyester molecular structure and thermal behaviour.* Polymer 1996; **37**: 1189

[7] Schartel B, Hull T. R, *Development of fire-retarded materials – interpretation of cone calorimeter data.* Fire and Materials 2007; **31**: 327

[8] Brehme S, Schartel B, Goebbels J, Fischer O, Pospiech D, Bykov Y, Döring M, *Phosphorus polyester versus aluminium phosphinate in poly(butylene terephthalate) (PBT): Flame retardancy performance and mechanisms.* Polymer Degradation and Stability 2011; **96**: 875

Chapitre V :
Développement et étude de matériaux sous forme fibreuse

Préambule

Dans ce chapitre, un intérêt particulier sera porté aux structures fibreuses (multifilaments ou textiles) compte tenu de l'application finale du projet. Nous nous focaliserons dans la première partie sur l'ignifugation des textiles en ayant recours aux mélanges de fibres. Nous étudierons ensuite un autre moyen présenté dans la littérature et qui consiste à enduire les matériaux fibreux. Nous nous pencherons dans la troisième partie sur des propriétés autres que celles du comportement au feu mais qui sont tout aussi importantes pour l'application finale. Ainsi, les propriétés physiques (mécaniques et sensorielles) des fibres et textiles ignifugés seront analysées.

I- Conception de textiles ignifugés à base de mélange de fibres

Comme présenté dans le **Chapitre I**, la résistance au feu des textiles peut être obtenue grâce aux fibres hautes performances comme le Zylon® ou le Kevlar®. Cependant, ces dernières résistent peu aux radiations ultraviolet et peu de travaux ont été menés pour compenser cette faiblesse des fibres *para*-aramide [1,2]. Pour rappel, l'idée principale était de recouvrir la fibre technique en l'enveloppant par des fibres naturelles discontinues (**Fig. 1**).

Fig 1.   Fil hybride (laine/*para*-aramide) [2]

En nous inspirant du principe décrit ci-dessus, nous proposons dans cette section de caractériser les comportements mécaniques, thermiques et au feu de matériaux fibreux à base de mélanges de *para*-aramide et de PET ignifugé. Dans un premier temps, des tests mécaniques ont été effectués. Des analyses thermogravimétriques ont été ensuite accomplies pour caractériser la stabilité thermique des matériaux. Enfin, des tests au cône calorimètre et UL 94 nous ont permis d'observer les propriétés au feu des textiles développés. Les résultats obtenus ont été comparés à ceux de textiles à base de Trevira CS®.

I.1- Matériaux et mise en œuvre

Les fibres *para*-aramides de marque Twaron® et les fibres Trevira CS® ont été respectivement fournies par Teijin et Trevira. Les PET vierge et ignifugé, respectivement désignés par PET et PET-AlPi 10, ont été mis en œuvre sous forme de multifilaments comme détaillé dans le **Chapitre III**. Le fil hybride a été développé par un procédé de guipage où le fil d'âme en Twaron® est enveloppé par les multifilaments continus PET-AlPi 10 (**Fig. 2**). Le produit fini sera noté fil guipé. Ce dernier contient 25% en masse de Twaron® et 75% de PET-AlPi 10. La méthode choisie permet de combiner les propriétés mécaniques et au feu du *para*-aramide avec les propriétés au feu et de protection contre les UV du PET-AlPi 10. Les caractéristiques des multifilaments sont résumées dans le **Tableau 1**.

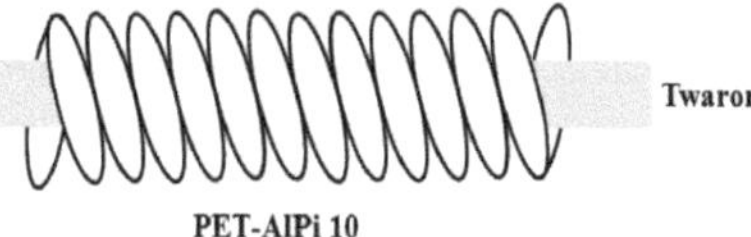

Fig 2. Fil guipé

Désignation	PET	PET-AlPi 10	Twaron®	Fil guipé	Trevira CS®
Nombre de filaments	80	80	1000	1080	320
Masse linéique (Tex*)	180	230	93	380	134

* Tex : masse par gramme pour 1 km de fibre

Tab 1. Caractéristiques des multifilaments

En raison des différentes masses linéiques des fibres, le PET et le Trevira CS® ont été doublés et le Twaron® quadruplé lors du tricotage afin de se rapprocher de la masse linéique du fil guipé. De plus, des contextures distinctes ont été choisies pour atteindre des masses surfaciques et des épaisseurs équivalentes pour les différents tricots. Selon Garvey et *al.* [3], ces deux paramètres sont les plus importants quand il s'agit d'évaluer l'inflammabilité des étoffes textiles. Ainsi, la contexture *point de Rome* a été sélectionnée pour le PET, la contexture *côte 1x1* a été préférée pour le Twaron® et le fil guipé alors que le PET-AlPi 10 et le Trevira CS® ont été tricotés suivant la contexture *double face* (**Fig. 3**). Toutes les structures fibreuses mises en œuvre ont un grammage de 1300 ± 50 g/m² et une même épaisseur de 2 mm.

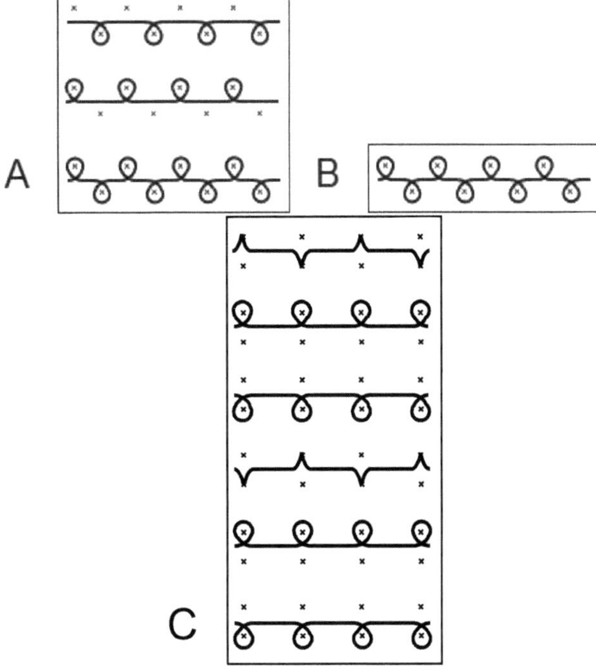

Fig 3. Schémas de maille (A) Point de Rome ; (B) Côte 1x1 ; (C) Double face

I.2- Caractérisation des matériaux

I.2.1- Analyse des propriétés mécaniques

Les fibres PET, PET-AlPi 10, Twaron® et fil guipé ont été caractérisées à l'aide du banc de traction MTS (**Chapitre II**) et les résultats se trouvent dans le **Tableau 2**. L'ajout des phosphinates d'aluminium dans la matrice polymère détériore sévèrement la force à la rupture des matériaux qui baisse de 24 N pour les multifilaments en PET à 10

N pour ceux en PET-AlPi 10. Le polymère vierge et son dérivé chargé affichent tous les deux des allongements à la rupture élevés qui reflètent leur important comportement plastique. Sans surprise, le Twaron® montre d'excellentes propriétés mécaniques avec une force à la rupture élevée et un faible allongement du fait de sa haute cristallinité. Les mêmes résultats sont obtenus avec le fil guipé mettant en évidence l'intérêt d'utiliser du *para*-aramide. Ce dernier compense et améliore même les propriétés mécaniques de la matrice PET perdues en présence de l'AlPi.

Désignation	PET	PET-AlPi 10	Twaron®	Fil guipé
Force à la rupture (N)	24 ± 1	$10 \pm 0,7$	187 ± 5	185 ± 5
Elongation à la rupture (%)	95 ± 6	70 ± 10	$5,6 \pm 0,3$	$5,7 \pm 0,3$

Tab 2. Forces et allongements à la rupture des fibres

I.2.2- Analyse de la stabilité thermique

Les **Figures 4a** et **4b** montrent les courbes thermogravimétriques du PET, PET-AlPi 10, Twaron® et du fil guipé respectivement sous azote et air. La pyrolyse du PET se déroule en une étape majeure qui commence à 400°C avec 5 % de perte en masse et s'arrête aux alentours de 400°C avec 16 % de masse résiduelle. L'incorporation de l'AlPi à 10 wt.% catalyse la dégradation thermique des multifilaments compte tenu de la perte de 5 % en masse du matériau à 380°C. Ce dernier donne un résidu plus important (19 %) à des températures élevées, ce qui reflète un meilleur aspect charbonisant en comparaison avec le polymère vierge. Le *para*-aramide perd 5 % de sa masse à 200°C et se stabilise jusqu'à 550°C. On observe ensuite une chute abrupte de la masse résiduelle dans l'intervalle de température 550-600°C. Cette importante dégradation est due à la scission des liaisons C-N. La décomposition du matériau montre une cinétique plus lente jusqu'à 650°C. Le fil guipé subit une dégradation en deux étapes majeures. L'assemblage des deux matériaux retarde le début de la pyrolyse à 400°C ; un plateau est ensuite observé entre 475 et 575°C avec une masse restante de 43 % qui reflète un mécanisme d'autoprotection contre la volatilisation du matériau. Au-delà de 575°C, le fil guipé se dégrade jusqu'à ce qu'il atteigne 28 % de masse résiduelle.

Les courbes de dégradation thermo-oxydatives du PET et du PET-AlPi 10 ont la même allure avec deux étapes de décomposition majeures (**Fig. 4b**). La présence d'AlPi à 10 wt.% dans le PET permet d'obtenir une masse résiduelle plus élevée à 500°C (20 % contre 12 %) reliée à l'action en phase condensée des phosphinates d'aluminium [4]. Au dessus de 575°C, le polymère vierge a une masse résiduelle nulle alors que le PET-AlPi 10 garde 4 % de sa masse initiale. Le Twaron$^{®}$ se dégrade lentement par oxydation jusqu'à 500°C, température à laquelle le fil a encore 88 % de sa masse initiale. Au-delà de cette température, le matériau se décompose complètement montrant la forte influence de la dégradation thermo-oxydative sur le *para*-aramide. Tous les résultats observés et relatifs aux fibres *para*-aramide sont en accord avec les travaux de Bourbigot *et al.* [5]. Concernant le fil guipé, le matériau commence à se décomposer plus tard et plus lentement que le PET-AlPi 10. La cinétique de dégradation du mélange de fibres ralentit à 475°C indiquant la charbonisation du PET-AlPi 10 qui protège tout le matériau et, plus particulièrement, limite la décomposition totale du *para*-aramide jusqu'à 640°C.

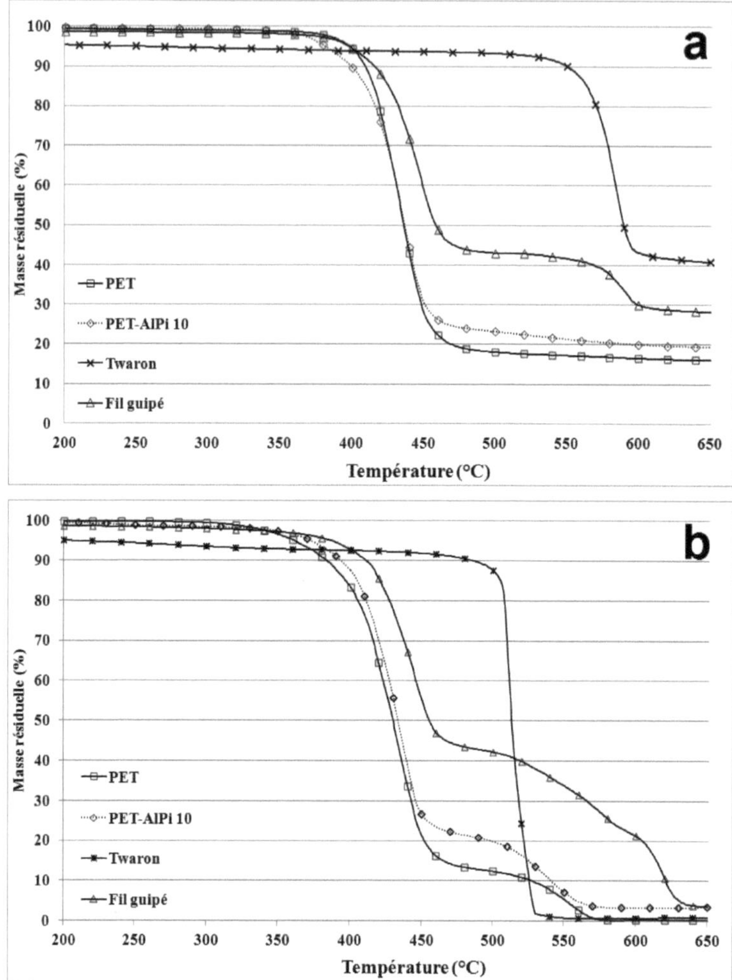

Fig 4. Courbes thermogravimétriques des fibres développées
(a) sous azote ; (b) sous air (cinétique de chauffage : 10°C/min)

L'influence du mélange PET-AlPi 10 et *para*-aramide sur la stabilité thermique du matériau complet (fil guipé) a été étudiée sous azote et air (**Fig. 5**). Indépendamment de l'atmosphère utilisée, $\Delta(M(T))$ est constamment positif sur tout l'intervalle de températures choisi, ce qui montre une stabilisation thermique grâce au mélange des deux fibres. Sous azote, les interactions entre PET-AlPi 10 et Twaron® commencent à être visibles à 375°C et conduisent à un pic $\Delta(M(T))$ de 15 % à 440°C. Les avantages du mélange sont plus évidents sous des contraintes thermiques oxydatives avec une stabilisation élevée au dessus de 500°C, température à laquelle le *para*-aramide seul commence à considérablement se dégrader tandis que le PET-AlPi 10 seul montre une couche carbonée protective. En associant les matériaux, la couche produite par le PET ignifugé limite efficacement le contact entre l'air et le Twaron[®] et par conséquent, ralentit la décomposition du fil guipé.

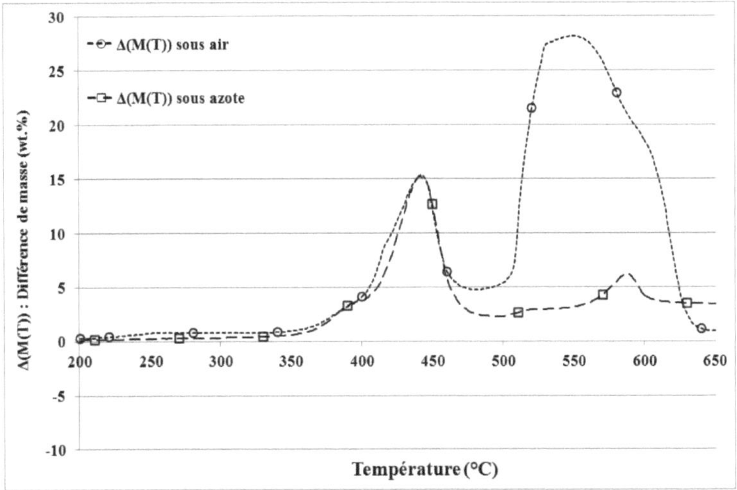

Fig 5.   Courbes de différence de masses du fil guipé sous air et azote
(cinétique de chauffage : 10°C/min)

I.2.3-   Analyse des propriétés au feu

❖ *Test UL 94*

Les résultats du test UL 94 sur les tricots développés sont présentés dans le **Tableau 3**. Les comportements des tricots en PET et PET-AlPi 10 ont été commentés dans le **Chapitre III**. Les étoffes à base de PET vierge ont un mauvais comportement au feu avec une flamme persistante (173 s) qui consume les éprouvettes en totalité et qui génère un effet de gouttage marqué. Le textile contenant les additifs phosphorés (PET-AlPi 10) montre des temps de combustion et des longueurs consumées très courts (pas plus de 3 cm), reflétant l'extinction rapide du matériau. Le gouttage est remarquablement limité mais se produit encore ; le PET ignifugé est donc classifié V-2. Concernant les tricots en Twaron®, leur résistance élevée à la flamme leur permet d'atteindre la meilleure classification V-0. Dans les pires des cas, une incandescence est observée mais elle s'éteint rapidement (moins d'une seconde). Les structures fibreuses faites à partir du fil guipé ont un comportement complètement distinct de ceux des textiles en PET-AlPi 10 ou en Twaron®. Deux réactions au feu différentes sont constatées durant les essais, soit les éprouvettes résistent à l'application de la flamme soit la combustion dure jusqu'à ce que le PET-AlPi 10 présent dans le fil guipé soit complètement consumé (**Fig. 6A**). Nous pensons que ces grandes différences sont dues à la structure des matériaux. Lorsque les tests sont menés sur des textiles en PET-AlPi 10, la combustion est interrompue car la flamme est éloignée de l'éprouvette par les effets de gouttage. Or le Twaron® agit comme un « réseau » qui maintient le matériau (pas de gouttage observé avec les textiles en fil guipé) et garde la flamme auprès du PET-AlPi 10. La source de chaleur reste donc proche du combustible et le triangle du feu n'est pas rompu. Par conséquent, le matériau est classifié V-2 à cause de son temps de combustion long. Le polyester Trevira CS® est connu pour ses propriétés ignifugeantes en phase gaz [6], ce qui explique la quantité importante de matière consumée proche de 6 cm (**Fig. 6B**). Le paramètre discriminant avec les textiles en Trevira CS® est leur réaction quand la flamme est appliquée. Plusieurs gouttes enflammées sont observées et conduisent à la combustion systématique du coton. Selon les résultats obtenus, le matériau est classifié V-2.

Echantillon	T_1 (s)	T_2 (s)	Temps total (s)	Longueur consumée	Inflammation du coton*	Classement
PET	3	170	173	12,5	5	-
PET-AlPi 10	1	1	2	$3 \pm 1,1$	1	V-2
Twaron®	0	0	0	0	0	V-0
Fil guipé	3	72	75	$4,2 \pm 5,8$	0	V-2
Trevira CS®	1	1	2	$5,8 \pm 1,7$	5	V-2

* Nombre de fois sur 5 essais

Tab 3.   Résultats au test UL 94

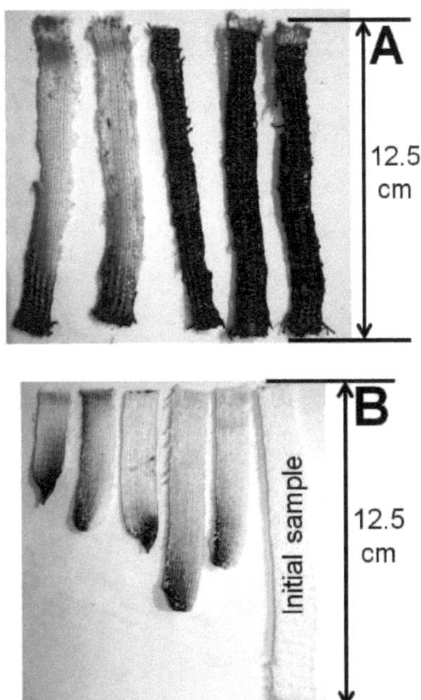

Fig 6.   Eprouvettes après le test UL 94 (A) Fil guipé ; (B) Trevira CS®

❖ *Cône calorimètre*

La **Figure 7** montre les courbes RHR des étoffes tricotées à partir du PET, PET-AlPi 10, Twaron® et du fil guipé sous un flux de chaleur de 25 kW/m². Les moyennes des résultats sont listées dans le **Tableau 4**. Le textile de référence a pris feu à 194 s avec une élévation importante du RHR et une extinction rapide. Comme prévu, l'insertion des phosphinates métalliques améliore la réaction au feu du tricot développé. Durant la caractérisation, le matériau fond et développe une couche carbonée dense dès que l'ignition a lieu. Par conséquent, le PRHR est réduit de 381 kW/m² pour le PET à 230 kW/m² pour le PET-AlPi 10, et le THE est considérablement baissé avec une réduction de 61 %. Nous observons également que l'insertion des additifs phosphorés a peu d'influence négative sur la quantité totale de fumées dégagées (TSR), ce qui constitue un résultat prometteur. En effet, il est admis que la présence d'agents retardateurs de flammes induit généralement une quantité de fumée plus importante durant la combustion d'un matériau [7]. Compte tenu des écarts-types, aucune différence majeure n'est à relever entre le temps d'ignition du PET et celui du PET-AlPi 10. Il est intéressant de comparer ce résultat à celui obtenu lorsque les textiles ignifugés à 10 wt.% d'AlPi sont superposés pour atteindre une masse de 40 g (**Chapitre III**). Dans ces conditions, nous avons observé un retard remarquable dans le temps d'ignition du PET-AlPi 10 (T_{ign} : 586 s) en comparaison avec le PET (T_{ign} : 363 s). Il est alors raisonnable de supposer que l'influence de l'AlPi sur les temps d'ignition est reliée à certains paramètres physiques tels que l'effet de masse.

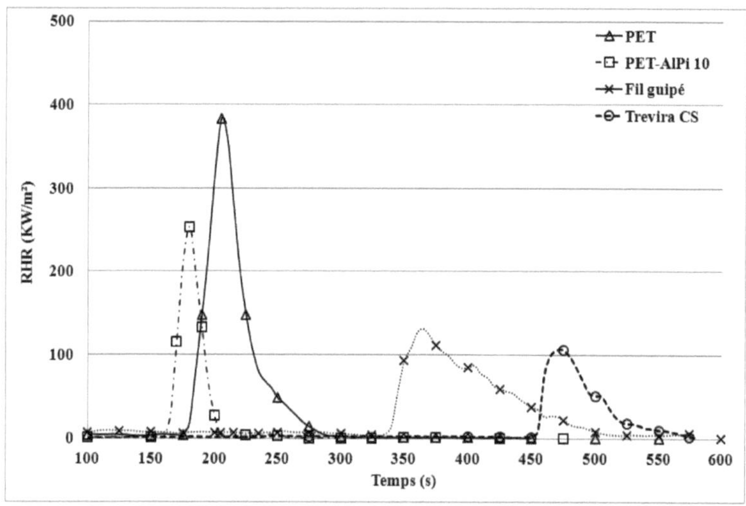

Fig 7.   Courbes RHR des structures tricotées (Flux de chaleur : 25 kW/m²)

Echantillon	Masse (g)	T_{ign} (s)	PRHR (kW/m²) (% réduction*)	THE (MJ/m²)	TSR (-)
PET	$13,2 \pm 0,4$	194 ± 44	381 ± 75	$13 \pm 1,1$	325 ± 28
PET-AlPi 10	$12,5 \pm 0,8$	163 ± 27	230 ± 33 (40)	$5 \pm 0,4$	355 ± 30
Twaron®	$12,9 \pm 0,3$	-	-	-	32 ± 8
Fil guipé	$13 \pm 0,1$	329 ± 4	132 ± 1 (65)	$9 \pm 2,5$	319 ± 21
Trevira CS®	12,5	446	105 (72)	5	156

* Calculée par rapport au PRHR du PET vierge

Tab 4.   Résultats au cône calorimètre (Flux de chaleur : 25 kW/m²)

Quand les tricots en Twaron® sont exposés au flux de chaleur, aucune ignition n'est observée, et le PRHR et THE sont nuls grâce à la très bonne résistance thermique du matériau. Un tel comportement intrinsèque est attribué aux cycles aromatiques constitutifs du polymère. Une quantité de fumées très faible est observée, cette dernière étant probablement due à la thermo-oxydation du *para*-aramide. La combinaison du Twaron® et du PET-AlPi 10 donne un textile avec une bonne réaction au feu. Le temps d'ignition est significativement retardé par rapport au PET, ce qui indique une bonne résistance thermique du matériau. Nous associons ce comportement à la faible quantité de PET dans le textile en comparaison avec le tricot en PET-AlPi 10. Moins de composés volatils sont donc libérés sous les contraintes thermiques et la quantité de combustibles n'est pas suffisante pour l'ignition jusqu'à 329 s. Quand l'étoffe prend feu, elle montre un bas PRHR avec une réduction de 65 % comparativement au PET vierge. Le *para*-aramide ne brûle pas et ne rentre pas dans le scénario du feu ce qui explique un tel PRHR. Cependant, une combustion plus longue est constatée avec le textile en fil guipé en comparaison avec celui en PET-AlPi 10. Cette réaction est similaire à celle observée lors du test UL 94 où la flamme est entretenue, ce qui peut être encore une fois relié à la structure du matériau. L'action en phase condensée opère tardivement en raison de la faible densité de PET-AlPi 10 dans l'échantillon ; ceci est traduit par l'allure de la courbe RHR où la baisse du débit calorifique est graduelle. L'extinction lente du matériau a généré un THE élevé comparable à celui du PET-AlPi 10, respectivement 9 et 5 MJ/m². Aucune différence majeure n'est observée quant aux quantités totales de fumées dégagées (TSR). Concernant les structures fibreuses en Trevira CS®, de bonnes propriétés au feu sont obtenues. Le mécanisme d'ignifugation du matériau est principalement en phase gaz ce qui explique son comportement avec une fonte et une décomposition rapides. Etant donnée la nature non combustible des gaz relargués, le temps d'ignition du matériau s'en trouve retardé. Le tricot montre également un PRHR et un THE bas, respectivement de 105 kW/m² et 5 MJ/m².

Nous rappelons qu'il est crucial de bien choisir le mécanisme d'ignifugation d'un matériau selon l'application visée. Dans le cas des textiles de recouvrement, ces derniers doivent agir préférentiellement dans la phase condensée pour protéger le substrat (généralement de la mousse) et éviter son implication lors d'une combustion. Nous nous sommes alors intéressés aux résidus des étoffes à base de fil guipé et de Trevira CS® après les caractérisations au cône calorimètre (**Fig. 8**). Le résidu de la structure en fil guipé ne présente ni orifices ni craquelures, ce qui présage d'une bonne isolation thermique et d'une efficacité en tant que barrière physique (**Fig. 8A**). D'un autre côté, le matériau fibreux en Trevira CS® a fondu rapidement lors de la caractérisation au cône et s'est énormément décomposé ce qui a donné un résidu peu dense et qui comporte plusieurs orifices (**Fig. 8B**). Compte-tenu de ces observations, nous pouvons supposer que notre matériau fibreux développé serait plus efficace que le Trevira CS® en tant que textile de recouvrement.

Fig 8.   Résidus formés après les essais au cône calorimètre
(A) Fil guipé ; (B) Trevira CS®

I.3- Conclusion intermédiaire

Dans les travaux présentés, l'ignifugation de textiles de recouvrement au moyen de fibres commerciales, Twaron® et Trevira CS®, a été étudiée. Pour pallier la faible résistance aux UV du Twaron®, à base de *para*-aramide, nous avons donc procédé à une étape de guipage pour le recouvrir de PET ignifugé. Cette méthode permet de combiner les propriétés mécaniques et thermiques du *para*-aramide avec la résistance aux UV et les propriétés au feu du PET ignifugé. La thermo-oxydation du Twaron® est remarquablement limitée en présence du PET-AlPi 10 ce qui montre l'intérêt du mélange. Des caractérisations au cône calorimètre ont été menées sur des textiles en fil guipé et en Trevira CS®. Les deux matériaux montrent de très bonnes propriétés au feu, mais avec des mécanismes différents. Le Trevira CS®, connu pour son mode d'action en phase gaz, se décompose sous l'effet de la chaleur et laisse présager une mauvaise protection des substrats. Sa réaction au feu fait de lui un matériau non compatible avec l'application visée. En revanche, le fil guipé agit en phase condensée et développe une couche carbonée durant la combustion. Ce résidu pourrait agir efficacement en tant qu'isolant thermique et physique contre la dégradation du matériau recouvert.

II-Conception de textiles ignifugés par enduction

L'objectif des travaux qui suivent est de conduire une étude comparative entre les propriétés au feu de textiles ignifugés avec les mêmes retardateurs de flamme mais mis en œuvre différemment. Pour ce faire, notre choix s'est porté sur les phosphinates d'aluminium pour améliorer les performances au feu des étoffes à base de PET. Les deux méthodes d'ignifugation retenues sont l'enduction et l'insertion des additifs par voie fondue. La face enduite sera le dos du textile pour préserver les propriétés sensorielles du matériau dans le cas d'une application de recouvrement. Les morphologies des matériaux développés ont été examinées par microscopie électronique. Des analyses thermogravimétriques nous ont permis d'étudier leurs stabilités thermiques. Enfin, les matériaux ont été caractérisés au cône calorimètre et au test à la flamme UL 94 pour analyser leur comportement au feu.

II.1- Matériaux et mise en œuvre

Pour mener cette étude, le PET, les produits nécessaires à l'enduction (présentés dans le **Chapitre II**) et les phosphinates d'aluminium sont utilisés. Le PET vierge et le PET ignifugé par voie fondue, respectivement désignés par PET et PET-AlPi 10, ont été mis en œuvre sous forme de multifilaments et tricotés comme détaillé dans le **Chapitre III**. Pour rappel, les structures ont un grammage de 1300 ± 50 g/m² et une épaisseur identique de 2 mm.

Deux dispersions à base de PU ont été préparées pour obtenir une enduction référence et une enduction ignifugée respectivement nommées PU-Ref et PU-AlPi (**Tab 5**). La présence d'AlPi modifie les propriétés rhéologiques de la dispersion et l'épaississant n'est plus nécessaire. Ce dernier, présent uniquement dans la dispersion PU-Ref, est à base d'acrylique. Nous pouvons raisonnablement supposer qu'avec une quantité aussi faible (fraction massique visée sur le textile : 0,3 wt.%), il n'aurait pas d'effets considérables sur les propriétés au feu du matériau.

Dispersion	PU (wt.%)	Réticulant (wt.%)	Eau (wt.%)	AlPi (wt.%)	Epaississant (wt.%)	Amidon (wt.%)
PU-Ref	43	2	53	-	1	1
PET-AlPi	39	2	29	29	-	1

Tab 5. Composition des dispersions

Afin de mener une étude comparative cohérente avec l'approche extrusion/filage, il a fallu déposer la même quantité des deux dispersions sur les textiles. Il a également fallu atteindre 10 wt.% de phosphinates d'aluminium sur la masse totale des textiles enduits. L'enduction est appliquée sur les textiles en PET vierge selon les étapes détaillées dans le **Chapitre II**. Après le séchage, les deux textiles enduits notés PET-PU et PET-PU-AlPi ont un grammage de 1900 ± 80 g/m². Le même dépôt est alors obtenu avec les deux revêtements. La dispersion ignifugée PU-AlPi contient 30 wt.% d'AlPi (**Tab 5**) et le revêtement déposé fait 30 % de la masse totale du textile enduit PET-PU-AlPi. Ce dernier contient alors environ 10 wt.% d'AlPi.

II.2- Caractérisation des matériaux

II.2.1- Analyse de la morphologie

Les **Figures 9A** et **9B** présentent les images MEB des multifilaments PET-AlPi 10 et du tricot enduit PET-PU-AlPi. Comme vu précédemment, la présence d'AlPi dans les fibres en PET donne au mélange un aspect rugueux en raison de l'immiscibilité des composés. L'application de la dispersion PU-AlPi sur les textiles en PET affecte l'état de surface de la structure fibreuse. Selon la **Fig. 9B**, le matériau a un aspect granuleux détériorant les propriétés sensorielles du textile à l'échelle macroscopique et le rendant rêche. C'est pour cette raison que le revêtement doit être déposé sur le dos du textile pour ne pas affecter la face opposée.

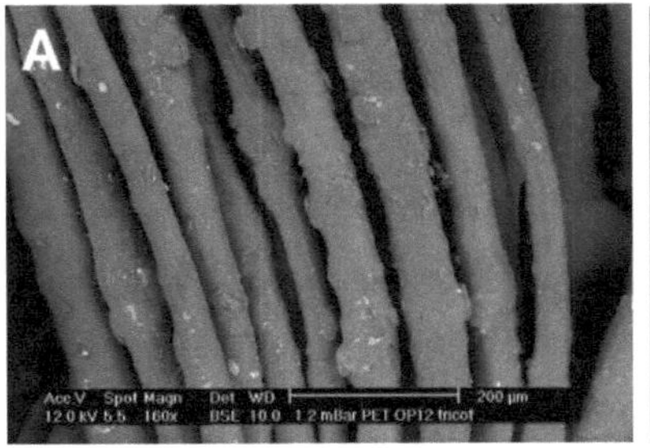 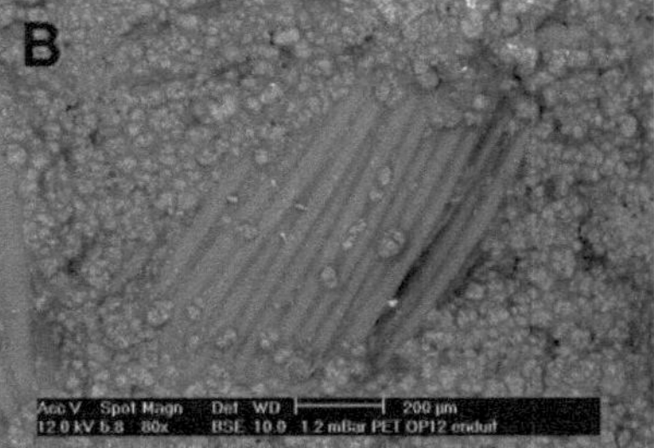

Fig 9.   Microscopie électronique à balayage
(A) Multifilaments PET-AlPi 10 ; (B) Textile enduit PET-PU-AlPi

II.2.2-   Analyse de la stabilité thermique

Les courbes de dégradations thermo-oxydatives des phosphinates d'aluminium et des résines d'enductions préparées sont tracées sur la **Figure 10a**. L'additif phosphoré montre une étape de dégradation unique. Il perd 5 % de masse initiale à 390°C et subit une décomposition jusqu'à 475°C suivie d'une stabilisation à haute température où la charge garde 40% de sa masse résiduelle révélant de bonnes propriétés thermiques. Le revêtement PU-Ref a une dégradation thermo-oxydative différente avec deux étapes majeures. Il commence à se décomposer à 293°C et forme un résidu à 440°C qui réduit la libération d'espèces volatiles. Selon la littérature, la première étape de dégradation correspond à la dépolymérisation du PU, suivie par des réactions de réticulation qui pourraient expliquer le développement du résidu et le ralentissement de la dégradation [8]. A 560°C, le PU-Ref est totalement dégradé avec une masse résiduelle nulle. Ce résultat est prévisible du fait qu'aucun agent FR n'est présent dans la résine. Concernant le PU-AlPi, sa température de décomposition est légèrement retardée en comparaison avec celle du PU-Ref (300°C au lieu de 293°C). La présence des phosphinates d'aluminium n'a pas d'influence significative sur le début de dégradation du PU. La décomposition du matériau est ralentie entre 375 et 440°C avec une masse résiduelle supérieure à 25 %. La présence de l'agent phosphoré favorise les réactions de réticulations responsables de la charbonisation du matériau, ce qui améliore considérablement sa stabilité thermique à des températures élevées. Des résultats similaires ont été observés dans la littérature [8]. L'influence thermo-oxydative de l'incorporation de l'additif AlPi dans le PET ou le PU, respectivement dans les matériaux PET-AlPi 10 (multifilaments) et PU-AlPi (résine), a été analysée par les courbes de différences de masses (**Fig. 11**). Quand les phosphinates d'aluminium sont ajoutés à hauteur de 30 % en masse dans le PU (**Tab 5**), nous observons une déstabilisation thermique qui commence à 300°C et atteint son maximum aux alentours de 375°C. L'additif AlPi semble catalyser la dégradation du PU libérant ainsi une plus grande quantité d'espèces volatiles. Cette tendance est inversée pour les températures au-dessus de 430°C où $\Delta(M(T))$ atteint 14 % reflétant des interactions entre la résine PU et les charges AlPi. Ces interactions améliorent la stabilité thermique du matériau et réduisent sa perte de masse. La présence des phosphinates d'aluminium dans la matrice PET à 10 wt.% confère au mélange une stabilité thermique plus élevée dans l'intervalle de températures 340-530°C qui correspond aux températures de décomposition de l'AlPi. Le mécanisme d'action en phase condensée de ces agents retardateurs de flamme, étudié par Brehme *et al.* [4], promeut la charbonisation du matériau ce qui explique l'amélioration de la stabilité thermique de nos matériaux chargés. Nous remarquons un meilleur effet de l'AlPi avec le PU qu'avec le PET ce qui est certainement dû à sa teneur dans le polymère (30 wt.% dans le PU contre seulement 10 wt.% dans le PET) et/ou à une meilleure interaction avec les composés de dégradation du PU.

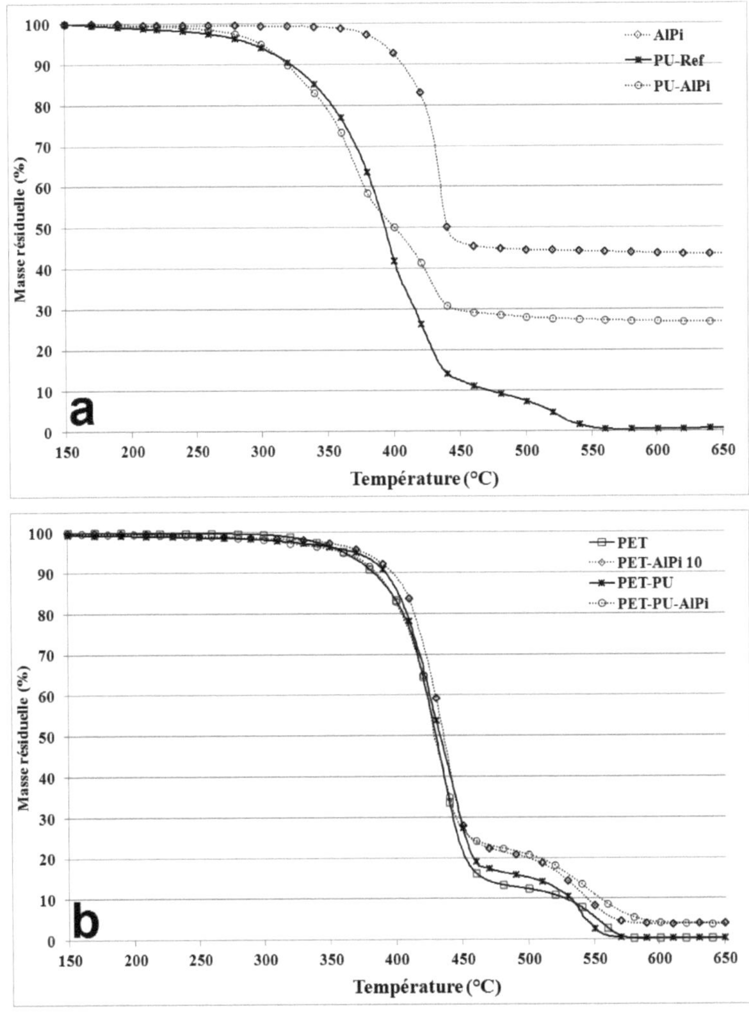

Fig 10. Courbes thermogravimétriques sous air (cinétique de chauffage : 10°C/min)   (a) Additif et enductions ; (b) Tricots

Les courbes ATG sous air des étoffes produites sont présentées dans la **Fig. 10b**. Le textile en PET vierge est thermiquement stable jusqu'à 360°C, température à laquelle le thermoplastique de référence perd 5 % de sa masse. Il s'ensuit alors deux étapes de dégradation avec le développement d'un résidu aux alentours de 470°C qui se décompose totalement au-delà de 560°C. L'insertion d'AlPi, comme nous l'avons présenté précédemment, retarde le début de décomposition du matériau et permet la protection de 4 % de sa masse initiale au-delà de 600°C. Concernant les textiles enduits, le PET-PU commence à se dégrader à 370°C jusqu'à 460°C où la décomposition du matériau est ralentie avec l'apparition d'un plateau. A cette température le PET-PU montre une masse résiduelle de 19 % contre 16 % pour le PET vierge. Dans le cas du PET, une seconde étape de dégradation prend place jusqu'à 570°C et mène à une masse résiduelle nulle. Revêtir le textile en PET avec le PU-AlPi améliore la résistance thermique du matériau à des températures au-dessus de 460°C. Le plateau formé a une masse résiduelle de 24 % qui se décompose progressivement jusqu'à 4 % et se stabilise au-delà de 600°C.

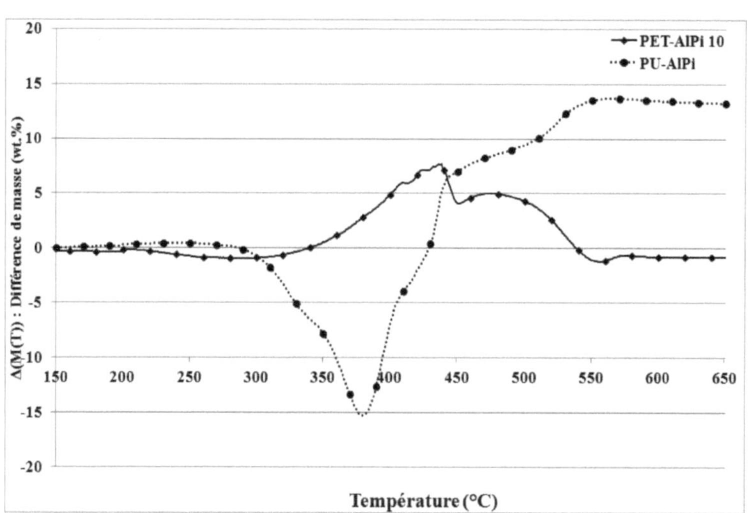

Fig 11. Influence des charges ZnPi sur la stabilité thermique du PET et du PU (sous air ; cinétique de chauffage : 10°C/min)

Il est intéressant de noter qu'indépendamment de la méthode de mise en œuvre choisie (extrusion/filage ou enduction), l'ajout des phosphinates d'aluminium améliore les propriétés thermiques du matériau en limitant sa décomposition. Les résidus conservés à haute température présentent un avantage considérable lors d'une combustion puisqu'ils peuvent agir comme des couches protectrices protégeant le substrat et réduisant son exposition à la chaleur.

II.2.3-   Analyse des propriétés au feu

❖ *Test UL 94*

Les résultats du test UL 94 sur les tricots ignifugés sont présentés dans le **Tableau 6**. Le comportement du tricot en PET-AlPi 10 a été commenté dans le **Chapitre III** et est rappelé à des fins de comparaison. Ce dernier montre une bonne résistance au feu avec une extinction rapide après le retrait de la flamme et une réduction importante de la longueur d'échantillon consumée (**Fig. 12A**). Des résultats similaires sont obtenus avec le PET-PU-AlPi. Le temps total de combustion ne dépasse pas les 3 secondes et plus de 9,5 cm de matière sont épargnés (**Fig. 12B**). Nous constatons également une amélioration dans l'effet de gouttage avec les deux méthodes de mise en œuvre. Dans les deux cas, l'inflammation du coton ne se déclare qu'une seule fois en comparaison avec le gouttage systématique du PET vierge. Par conséquent, les matériaux ignifugés sont classifiés V-2.

Les résultats observés permettent d'affirmer que l'association des phosphinates d'aluminium au PET par extrusion/filage ou par enduction baisse l'inflammabilité des structures fibreuses et diminue l'effet du gouttage.

Echantillon	T_1 (s)	T_2 (s)	Temps total (s)	Longueur consumée	Inflammation du coton*	Classement
PET-AlPi 10	1	1	2	$3 \pm 1,1$	1	V-2
PET-PU-AlPi	1	2	3	$2,7 \pm 0,3$	1	V-2

* Nombre de fois sur 5 essais

Tab 6.   Résultats au test UL 94

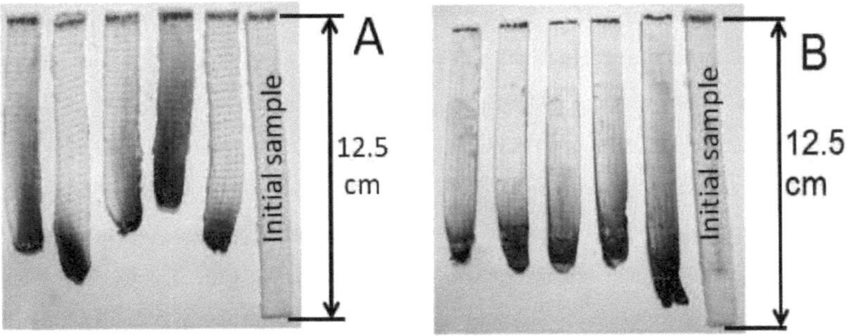

Fig 12.   Eprouvettes après le test UL 94 (A) PET-AlPi 10 ; (B) PET-PU-AlPi

❖ *Cône calorimètre*

Le **Tableau 7** résume les données obtenues par les caractérisations au cône calorimètre des étoffes PET, PET-AlPi 10, PET-PU et PET-PU-AlPi. Pour rappel, la face non enduite du textile a été exposée au flux de chaleur du cône calorimètre. Les courbes RHR lors des combustions des matériaux sont tracées dans la **Fig. 13**. Les **Figures 14a** à **14d** représentent les résidus des matériaux après les tests au cône. Comme commenté précédemment, l'insertion des phosphinates d'aluminium dans le PET par voie fondue réduit le PRHR de 40 % et le THE de 61 %. Par conséquent, le MAHRE du PET-AlPi 10 est plus bas que celui du textile en PET vierge. Dans des travaux antérieurs [4,9], il a été prouvé que l'ajout de l'AlPi dans du PBT conduit, sous un flux de chaleur, à la formation d'une couche carbonée reflétant une action en phase condensée. Ce comportement est visible avec nos matériaux à la fin de la caractérisation où les textiles en PET-AlPi 10 ont une masse résiduelle de 66 % (**Fig. 14b**) contre seulement 44 % pour le PET (**Fig. 14a**) avec la feuille d'aluminium apparente à certains endroits. Appliquer le revêtement PU-Ref sur le dos du tricot en PET affecte les propriétés au feu du matériau avec une augmentation du PRHR à 458 kW/m² et du THE à 23 MJ/m² contre 13 MJ/m² seulement pour le PET. Ce comportement médiocre est évidemment dû à la mauvaise réaction au feu du PU [11]. La masse résiduelle du PET-PU est plus faible que celle du PET ce qui se traduit par une plus grande quantité de matière consumée. Les observations visuelles mettent en évidence la combustion quasi-complète du tricot enduit (**Fig. 14c**). Par conséquent, le MAHRE du PET-PU est le plus élevé parmi tous les matériaux caractérisés avec 70 kW/m². L'utilisation de la résine ignifugée PU-AlPi en tant que revêtement pour les textiles en PET améliore considérablement le comportement au feu du matériau. En comparaison avec le PET-PU, le pic RHR baisse de 458 à 216 kW/m² et le THE décroît de 23 à 15 MJ/m². Le temps d'ignition est retardé à 334 s, un comportement observé par Alongi *et al.* [10] avec un revêtement à base d'AlPi appliqué par voie sol-gel sur une étoffe en coton. Aussi, le matériau a une masse résiduelle après combustion de 42 % et un MAHRE de 34 kW/m². Comparativement au PET-PU, la masse résiduelle a augmenté, montrant l'influence de l'agent FR. Le mode d'action en phase condensée est clairement visible avec la formation d'une croûte légèrement expansée (**Fig. 14d**). Ce résidu est une preuve supplémentaire relative aux interactions mises en évidence entre le PU et l'AlPi avec la courbe de perte de masses (**Fig. 11**). En outre, les phosphinates d'aluminium affectent positivement les propriétés au feu des textiles enduits avec des baisses du PRHR et du MAHRE en comparaison avec ceux du PET vierge. Ces derniers affichent des réductions respectives de 43 et 24 %. Nous observons également un THE et une masse résiduelle similaires pour les deux matériaux qui prouvent que l'AlPi compense l'influence négative que le PU a sur les propriétés au feu du textile enduit (le PET-PU montre la masse résiduelle la plus faible). En comparaison avec le PET-AlPi 10, le char obtenu après la combustion du PET-PU-AlPi ne semble pas avoir de bonnes performances en tant qu'isolant thermique et barrière physique (THE plus élevé et masse résiduelle moins importante).

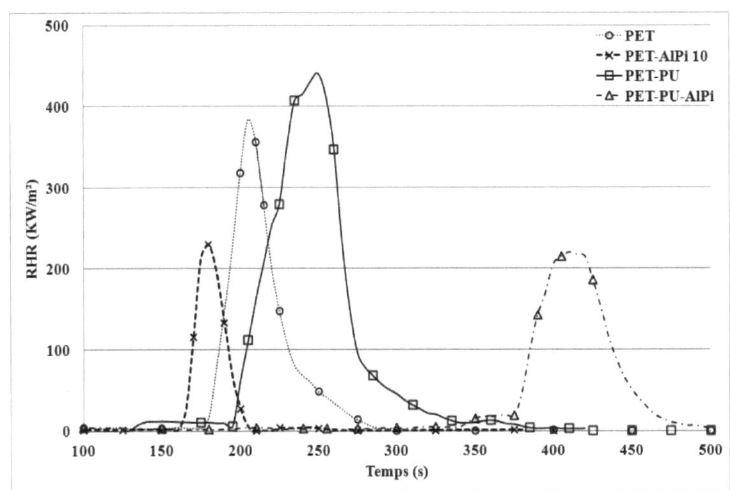

Fig 13.   Courbes RHR des structures tricotées (Flux de chaleur : 25 kW/m²)

Echantillon	T_{ign}	PRHR (kW/m²)	THE	TSR	Masse résiduelle	MAHRE
	(s)	(% réduction*)	(MJ/m²)	(-)	(%)	(kW/m²)
PET	194 ± 44	381 ± 75	13 ± 1,1	325 ± 28	44 ± 8	45 ± 8
PET-AlPi 10	163 ± 27	230 ± 33 (40)	5 ± 0,4	355 ± 30	66 ± 1	25 ± 5
PET-PU	195 ± 49	458 ± 62	23 ± 3,7	454 ± 28	24 ± 4	70 ± 4
PET-PU-AlPi	334 ± 49	216 ± 26 (44)	15 ± 2,7	618 ± 141	42 ± 11	34 ± 9

* Calculée par rapport au PRHR du PET vierge

Tab 7.   Résultats au cône calorimètre (Flux de chaleur : 25 kW/m²)

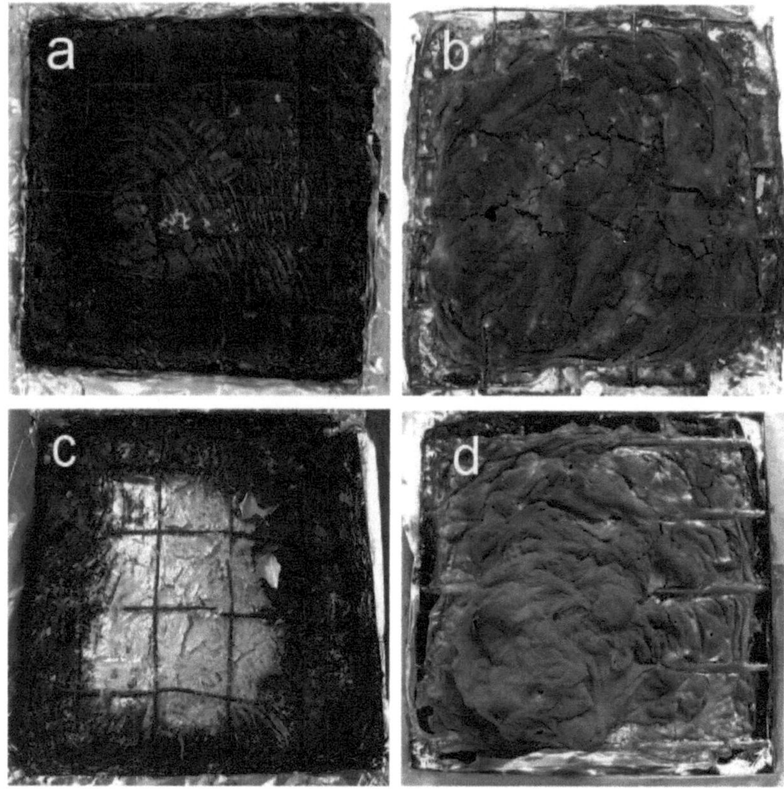

Fig 14. Résidus formés après les essais au cône calorimètre
(a) PET ; (b) PET-AlPi 10 ; (c) PET-PU ; (d) PET-PU-AlPi

Concernant la quantité totale de fumées dégagées (TSR), la combustion du PET-AlPi 10 génère une quantité de fumée similaire à celle du PET, les additifs FR n'ont donc pas d'influence significative. La présence du PU et des différents composants du revêtement engendre un TSR plus élevé pendant la combustion et qui est égale à 618 contre seulement 325 pour le PET. Un comportement similaire a été reporté par Price *et al.* [11] avec un complexe mousse/textile ignifugé en coton.

En somme, le textile ignifugé développé par enduction est efficace en termes de comportement au feu. Cependant, le PET-AlPi 10 montre la meilleure réduction de THE par rapport au PET vierge (supérieure à 61 %) avec une masse résiduelle d'environ 66 % qui est d'un grand intérêt pour une application de recouvrement. De plus, le dégagement de fumées est manifestement meilleur quand l'approche extrusion/filage est choisie étant donné qu'aucun autre produit chimique potentiellement combustible n'est nécessaire durant la mise en œuvre.

II.3- Conclusion intermédiaire

Dans ces travaux, des textiles ignifugés à base de PET ont été développés par deux méthodes distinctes et leurs propriétés au feu ont été étudiées. L'incorporation de 10 wt.% de phosphinates d'aluminium par enduction réduit le PRHR et le MAHRE du matériau mais influence peu son THE et sa masse résiduelle en comparaison avec le PET vierge. Ainsi, appliquer la résine ignifugée sur des textiles constitue une solution technique envisageable pour des applications telles que les textiles de recouvrement. D'autre part, associer les phosphinates d'aluminium et le PET par voie fondue baisse considérablement le PRHR, le THE et le MAHRE du matériau avec l'augmentation de sa masse résiduelle après sa combustion. Aussi, insérer l'AlPi dans le cœur de la matrice polymère permet de s'affranchir de l'ajout de produits chimiques supplémentaires, comme dans le cas de l'enduction, qui contribuent dans la production de fumées lors d'une combustion.

III-   Influence des POSS sur les propriétés physiques des matériaux

Nous nous intéresserons dans cette section à l'influence de la dispersion des additifs sur les propriétés physiques du matériau final et nous proposerons une approche pour prédire leur compatibilité avec la matrice polymère. Pour ce faire, des phosphinates d'aluminium et deux types de POSS ont été insérés dans du PET par voie fondue. Les différents mélanges ont été transformés en multifilaments continus. Les performances mécaniques de ces derniers seront analysées. Aussi, les énergies interfaciales entre le PET et les différentes charges seront mesurées. Des structures tricotées seront produites à partir des multifilaments et leur rugosité sera évaluée. L'idée de cette étude est de mettre en évidence une relation entre la compatibilité polymère/additifs à l'échelle microscopique et ses conséquences sur les propriétés physiques du matériau fibreux à l'échelle macroscopique.

III.1-   Matériaux et mise en œuvre

Les matières premières sélectionnées sont les granulés de PET et les charges AlPi, OM-POSS et DP-POSS. Pour les caractérisations d'énergies de surface, tous ces produits ont été préalablement transformés en pastilles à l'aide d'une presse chauffante.

Les matériaux fibreux employés tout au long des travaux sont les multifilaments en PET, PET-AlPi 10, PET-AlPi-OM 9-1 et PET-AlPi-DP 9-1 ainsi que les tricots de mêmes compositions. Leurs étapes de développement ont été détaillées dans le **Chapitre III**.

III.2-   Caractérisation des matériaux

III.2.1- Analyse des propriétés mécaniques

Les monofilaments vierges et chargés ont été caractérisés à l'aide du banc de traction Zwick et les résultats sont listés dans le **Tableau 8**. L'ajout des phosphinates d'aluminium dans la matrice PET fait considérablement baisser les propriétés mécaniques du matériau. La force à la rupture du PET-AlPi 10 est de 13 cN contre 31 cN pour la référence et la contrainte à la rupture est réduite de 82 %. L'allongement à la rupture est également plus bas en présence de l'AlPi dans le PET bien que les vitesses des rouleaux ont été réduites (**Tab 13, Chapitre III**). Nous observons un écart-type plus élevé des diamètres des monofilaments et de l'allongement à la rupture du PET-AlPi 10 en comparaison avec le PET. Cette irrégularité peut être corrélée à l'immiscibilité des charges dans la matrice polymère ainsi qu'à sa concentration dans certains points (**Fig. 20B, Chapitre III**) qui favoriserait la casse des fibres et expliquerait le comportement médiocre du matériau. L'incorporation des charges OM-POSS dans le mélange affecte légèrement la force et la contrainte à la rupture du matériau en comparaison avec le PET-AlPi 10. De plus, l'allongement à la rupture baisse de 50 à 30 % ce qui peut être expliqué par les agglomérats formés par les nanoparticules POSS. La discontinuité de phases générée par les additifs dans la matrice polymère a d'importantes répercussions sur les propriétés physiques du mélange. La substitution des OM-POSS par des DP-POSS confère aux monofilaments un comportement distinct. La force à la rupture du PET-AlPi-DP 9-1 est de 15 cN contre seulement 10 cN pour le PET-AlPi-OM 9-1. La contrainte à la rupture est également plus élevée (82 MPa contre 41 MPa). L'allongement à la rupture des monofilaments augmente considérablement passant de 30 % avec les OM-POSS à 99 % avec les DP-POSS. Selon Maiti *et al.* [12], l'allongement à la rupture d'un polymère chargé est plus élevé quand les additifs n'interfèrent pas dans le transfert de contraintes sous l'effet d'une sollicitation mécanique, en d'autres termes quand l'interface entre le polymère et les charges est faible. De plus, une étude récente conduite par Lim *et al.* [13] sur du polyéthylène chargé avec différents POSS a montré que les groupements environnants des POSS jouent un rôle important sur leur dispersion dans la matrice ainsi que sur les propriétés mécaniques de cette dernière.

Il est intéressant de rappeler les observations visuelles faites sur les monofilaments (**Fig. 20C** et **20D, Chapitre III**) où l'insertion des deux POSS amène à deux états de dispersion distincts. La présence des OM-POSS conduit à la formation d'agrégats alors que les DP-POSS semblent avoir une distribution plus homogène sur l'ensemble de la matrice. En considérant les différences morphologiques et mécaniques entre les matériaux PET-AlPi-OM 9-1 et PET-AlPi-DP 9-1, nous pouvons présumer que les *DodecaPhenyl* POSS ont une compatibilité plus élevée avec le PET que les *OctaMethyl* POSS.

	Diamètre des monofilaments (µm)	Force à la rupture (cN)	Allongement à la rupture (%)	Contrainte à la rupture (MPa)
PET	40 ± 4	31 ± 6	87 ± 7	268 ± 37
PET-AlPi 10	57 ± 11	13 ± 5	50 ± 37	49 ± 20
PET-AlPi-OM 9-1	55 ± 10	10 ± 2	30 ± 28	41 ± 10
PET-AlPi-DP 9-1	50 ± 8	15 ± 3	99± 13	82 ± 12

Tab 8.   Propriétés mécaniques des monofilaments

III.2.2- **Mesure des énergies de surface**

Les énergies de surface des matières premières (**Tab 9**) ont été calculées à partir des angles de contact. Nous notons une différence importante entre les énergies de surface des deux charges silicatées $\gamma_{OM-POSS}$ et $\gamma_{DP-POSS}$ (21 mN/m contre 48,8 mN/m) et une similitude entre les valeurs des énergies γ_{AlPi} et $\gamma_{DP-POSS}$ avec celle du polymère γ_{PET}. Il est connu que plus l'énergie de surface d'un solide est élevée, plus forts seront les liens formés avec un autre solide ce qui n'est pas le cas des OM-POSS en comparaison avec les autres matériaux caractérisés.

	Angles de contact (°)		Energies calculées (mN/m)		
	Eau	Diiodométhane	γ^d	γ^p	γ_S
PET	$95,3 \pm 2,7$	41 ± 2	37	3	40
AlPi	$84,4 \pm 1,8$	$49,7 \pm 1,3$	31,5	8,3	39,8
OM-POSS	$114,4 \pm 3,8$	$73,5 \pm 3,5$	21	0	21
DP-POSS	$88,4 \pm 3,8$	$21,1 \pm 3$	43,8	4,6	48,4

Tab 9. Energies de surface des matériaux mesurées à partir de leurs angles de contact

Les différentes valeurs des énergies de surface γ_S nous ont permis de déterminer les énergies interfaciales et les travaux d'adhésion entre le PET et chacun des additifs selon les modèles présentés dans le **Chapitre II (Tab 10)**. Les valeurs élevées des travaux d'adhésion $W_{PET-AlPi}$ et $W_{PET-DP-POSS}$ reflètent des forces d'interaction importantes entre le PET et les deux charges en comparaison avec le faible travail d'adhésion entre le PET et les OM-POSS. La tension interfaciale du couple PET/OM-POSS est beaucoup plus élevée que celle du PET/DP-POSS, respectivement 5,25 et 0,45 mN/m. La notion de compatibilité est intimement liée à une faible énergie interfaciale et un travail d'adhésion important. Ces deux conditions sont satisfaites entre le PET et les DP-POSS contrairement aux OM-POSS. Il est donc raisonnable de conclure que les *DodecaPhenyl* POSS ont une meilleure compatibilité et affinité avec le PET que les *OctaMethyl* POSS. Concernant les phosphinates d'aluminium, nous observons un travail d'adhésion important et une énergie interfaciale relativement basse qui laissent présager d'une bonne compatibilité entre l'additif et la matrice. Ces interactions ont permis la mise en œuvre du mélange sous forme fibreuse malgré la taille importante des particules d'AlPi et leur infusibilité.

	Travail d'adhésion W_{1-2} (mN/m)	Energie interfaciale γ_{1-2} (mN/m)
PET/AlPi	76,9	1,52
PET/OM-POSS	53,6	5,25
PET/DP-POSS	87,5	0,45

Tab 10. Travail d'adhésion et énergies interfaciales entre le PET et les additifs

En somme, une meilleure dispersion des DP-POSS comparée aux OM-POSS a été observée visuellement par MEB ce qui suggère une affinité plus élevée des POSS contenant des groupements phényles. Aussi, des propriétés mécaniques plus intéressantes ont été obtenues en présence des DP-POSS dans les multifilaments contenant l'AlPi. Finalement, mesurer les énergies de surface et interfaciales nous a permis de confirmer notre hypothèse en quantifiant les interactions entre le PET et les additifs utilisés.

III.2.3- Mesure de rugosité

La mesure du paramètre de rugosité R_a (**Fig. 15**) des différents tricots produits à partir des multifilaments chargés PET-AlPi 10, PET-AlPi-OM 9-1 et PET-AlPi-DP 9-1 nous permet de contribuer à quantifier l'aspect sensoriel des structures fibreuses. Les caractérisations sont conduites sur l'appareil Universal Surface Tester de chez INNOWEP suivant les étapes détaillées dans le **Chapitre II**.

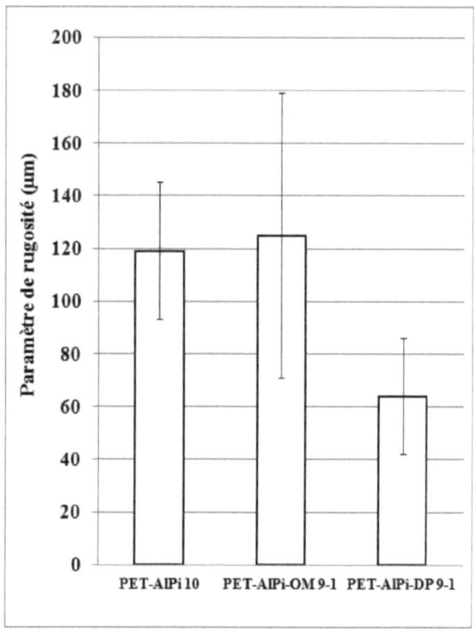

Fig 15. Rugosité de la surface des textiles caractérisés

Les tricots en PET-AlPi 10 et PET-AlPi-OM 9-1 ont un aspect surfacique similaire avec des paramètres de rugosité proches, respectivement de 119 et 125 µm. La substitution des OM-POSS par des DP-POSS baisse considérablement le R_a qui passe de 125 à 64 µm, soit une réduction de la rugosité de près de 50 %. Cette amélioration sensorielle est facilement remarquable au toucher des deux matériaux.

Pour tenter d'expliquer la différence entre les rugosités des tricots en PET-AlPi-OM 9-1 et PET-AlPi-DP 9-1, nous avons analysé les deux matériaux par microscopie électronique à balayage (**Fig. 16**). L'étoffe en PET-AlPi-OM 9-1 présente plusieurs fibres rompues à la surface de la structure alors que le textile en PET-AlPi-DP 9-1 comporte des fibres intègres. L'étape de tricotage semble avoir endommagé les multifilaments contenant des OM-POSS ce qui expliquerait le paramètre de rugosité élevé. D'un autre côté, les propriétés mécaniques supérieures des fibres PET-AlPi-DP 9-1 comparativement aux fibres PET-AlPi-OM 9-1 les ont préservé durant le tricotage conférant au matériau fibreux une surface moins rêche.

Fig 16. Microscopie électronique à balayage des tricots
(A) PET-AlPi-OM 9-1 ; (B) PET-AlPi-DP 9-1

III.3- Conclusion intermédiaire

Dans cette étude, l'aspect de dispersion des charges et leurs influences sur les propriétés physiques des matériaux ont été étudiés. L'introduction des phosphinates d'aluminium réduit les propriétés mécaniques des multifilaments développés. L'ajout des OM-POSS a de légers effets négatifs sur le comportement mécanique du mélange. En revanche, la substitution des OM-POSS par des DP-POSS inverse cette tendance. Le matériau en PET-AlPi-DP 9-1 montre de meilleures propriétés mécaniques et particulièrement en termes d'allongement à la rupture. Les groupements environnants des POSS ont donc un effet important sur le comportement de la matrice. De plus, la dispersion des particules silicatées DP-POSS dans le mélange est meilleure que celle des OM-POSS. Nous supposons que les groupements phényles ont une affinité plus importante avec les chaines macromoléculaires du PET que les groupements méthyles ce qui expliquerait nos observations. Des mesures d'énergies interfaciales qui quantifient l'aspect de compatibilité confortent notre hypothèse. L'utilisation des DP-POSS réduit également le paramètre de rugosité des textiles développés. Ceci met en évidence l'impact que peut avoir la compatibilité entre polymère et additifs sur les propriétés d'un matériau à l'échelle macroscopique.

IV- Conclusion

Dans ce dernier volet du manuscrit, nous avons porté un intérêt particulier aux matériaux sous forme fibreuse afin d'en étudier divers aspects. L'amélioration des propriétés au feu a été réfléchie à l'échelle du textile et non plus à l'échelle de la matrice polymère comme présenté dans les deux chapitres précédents. Dans un registre différent, nous nous sommes intéressés à l'influence des additifs sur les propriétés physiques des fibres et textiles que nous avons mis en œuvre.

Nous avons considéré dans un premier temps l'ignifugation des textiles par le biais d'un mélange de fibres dont l'une des composantes est intrinsèquement thermostable (Twaron®). Cependant, cette fibre est sujette à des dégradations importantes sous des radiations ultraviolet. Nous avons alors procédé à sa couverture avec des fibres ignifugées afin de combiner les atouts des deux éléments. Le matériau développé montre d'aussi bonnes propriétés au feu qu'un textile à base de Trevira CS®, mais avec un comportement au feu distinct. Ce dernier promeut la formation d'une couche carbonée, réaction essentielle pour le type d'application visée dans le projet. Nous avons ainsi fait intervenir l'action ignifugeante des additifs insérés dans le PET que nous avons renforcé avec une « matrice » résistante à la flamme et qui influence positivement le comportement au feu du textile mis en œuvre (*e.g.* effet de gouttage, PRHR).

Une approche d'ignifugation par enduction a été également explorée. Cette dernière permet de préserver les propriétés mécaniques des fibres et donc du textile comparativement à la méthode d'extrusion/filage. Nous avons réussi à développer une enduction ignifugée qui confère au textile de bonnes propriétés au feu, mais qui dégage des quantités considérables de fumées. Cet aspect est discriminant quand il s'agit d'ignifuger des matériaux fibreux qui seraient disposés dans des endroits clos. Cette solution technologique pourrait néanmoins être améliorée avec l'ajout de suppresseurs de fumées. Nous pourrions également envisager l'association des deux méthodes extrusion/filage et enduction avec l'avantage de pouvoir augmenter le taux de charges dans l'enduction sans répercussions sur le comportement mécanique du produit final.

Pour finir, nous avons mis en évidence l'importance du choix des additifs et les répercussions qu'ils peuvent avoir sur les propriétés macroscopiques, mécaniques ou sensorielles, du matériau final.

Bibliographie :

[1] Flambard X, Bourbigot S, Ferreira M, Vermeulen B, Poutch F, *Wool/para-aramid fibres blended in spun yarns as heat and fire resistant fabrics.* Polymer Degradation and Stability 2002; **77**: 279

[2] Flambard X, Bourbigot S, Kozlowski R, Muzyczek M, Mieleniak B, Ferreira M, Vermeulen B, Poutch F, *Progress in safety, flame retardant textiles and flexible fire barriers for seats in transportation.* Polymer Degradation and Stability 2005; **88**: 98

[3] Garvey S. J, Anand S. C, Rowe T, Horrocks A. R, Walker D, *The effect of fabric structure on the flammability of hybrid viscose blends.* Fire Retardancy of Polymers: The Use of Intumescence. Edited by M. Le Bras, G. Camino, S. Bourbigot and R. Delobel The Royal Society of Chemistry 1998, p.376

[4] Brehme S, Schartel B, Goebbels J, Fischer O, Pospiech D, Bykov Y, Döring M, *Phosphorus polyester versus aluminium phosphinate in poly(butylene terephthalate) (PBT): Flame retardancy performance and mechanisms.* Polymer Degradation and Stability 2011; **96**: 875

[5] Bourbigot S, Flambard X, Poutch F, *Study of the thermal degradation of high performances fibres-application to polybenzazole and p-aramid fibres.* Polymer Degradation and Stability 2001; **74**: 283

[6] Bourbigot S, *Flame retardancy of textiles: new approaches.* Advances in fire retardant materials. Edited by A. R. Horrocks and D. Price Woodhead Publishing Limited 2008, p.9

[7] Hull T. R, *Challenges in fire testing: reaction to fire tests and assessment of fire toxiciy.* Advances in fire retardant materials. Edited by A. R. Horrocks and D. Price Woodhead Publishing Limited 2008, p.255

[8] Duquesne S, Thèse de Doctorat, Université de Lille I 2001

[9] Braun U, Bahr H, Sturn H, Schartel B, *Flame retardancy mechanisms of metal phosphinates and metal phosphinates in combination with melamine cyanurate in glass-fiber reinforced poly(1,4-butylene terephthalate): the influence of metal action.* Polymers for Advanced Technologies 2008; **19**: 680

[10] Alongi J, Ciobanu M, Malucelli G, *Novel flame retardant finishing systems for cotton fabrics based on phosphorus-containing compounds and silica derived from sol-gel processes.* Carbohydrate Polymers 2011; **85**: 599

[11] Price D, Liu Y, Hull T, Milnes J, Kandola B. K, Horrocks A. R, *Burning behaviour of foam/cotton fabric combinations in the cone calorimeter.* Polymer Degradation and Stability 2002; **77**: 213

[12] Maiti S. N, Lopez B. H, *Tensile properties of polypropylene/kaolin composites.* Journal of Applied Polymer Science 1992; **44**: 353

[13] Lim S-K, Hong E-P, Choi H. J, Chin I-J, *Polyhedral oligomeric silsesquioxane and polyethylene nanocomposites and their physical characteristics.* Journal of Industrial and Engineering Chemistry 2010; **16**: 189

Conclusion générale

Ce travail a été réalisé dans le cadre du projet INTUMAT (Développement de fibres polyester INTUmescentes pour la fabrication de MATériaux textiles de recouvrement et de structures composites, comprenant l'intégration de mousses polyester intumescentes) au sein du laboratoire GEMTEX (Génie et Matériaux Textiles).

La tenue au feu du poly (éthylène téréphtalate) est médiocre, et il est par conséquent nécessaire d'ignifuger le matériau afin d'élargir ses domaines d'application. Ceci permettrait son utilisation en tant que textile de recouvrement dans le secteur ferroviaire dont les réglementations relatives aux incendies ont évolué et sont devenues plus exigeantes. L'objectif du projet est donc de développer des matériaux fibreux ignifugés avec un mode d'action basé sur le concept d'intumescence. Ce mécanisme physico-chimique présente un avantage certain comparativement aux autres modes d'ignifugation, car il réduirait le transfert de chaleur et de masse durant une combustion et favoriserait la protection du substrat (mousse) dans le cas des sièges rembourrés.

Dans un premier temps, une synthèse bibliographique nous a permis de faire le point sur les procédés existants pour améliorer les propriétés au feu des matériaux. L'ignifugation peut être accomplie par greffage de molécules FR sur les chaînes macromoléculaires du polymère. L'emploi de certains polymères dits à hautes performances peut être également envisagé. Cependant, ces solutions sont coûteuses et difficiles à mettre en œuvre, ce qui complique l'éventuel passage à l'échelle industrielle. Notre choix s'est donc porté sur une méthode qui consiste à mélanger en voie fondue un polymère synthétique et un agent FR. Cette dernière présente plusieurs avantages tels qu'une facilité de mise en œuvre et un faible coût. Elle permet également la possibilité de sélectionner un large choix de matières premières avec des fractions massiques adaptables.

L'étude bibliographique nous a également permis de passer en revue les différents retardateurs de flammes appliqués aux thermoplastiques et plus spécifiquement au PET. Parmi un large éventail d'additifs, les phosphinates de zinc présentent de bonnes propriétés ignifugeantes en phase condensée. L'utilisation des nanocharges comme retardateurs de flamme, parmi lesquelles les POSS, a été souvent rapporté dans la littérature. Cependant, ces additifs ont un coût assez élevé et ont été utilisés dans certaines études en tant que synergistes pour réduire leur quantité tout en obtenant de meilleures performances au feu. Leur association aux phosphinates de zinc en est l'exemple parfait où une intumescence est observée menant à d'excellentes propriétés ignifugeantes.

En nous appuyant sur ce système synergique, des matériaux fibreux ont été élaborés. Ces derniers ont une teneur en additifs d'environ 10 wt.% dont 1 wt.% seulement de nanocharges silicatées. Sous une forme textile de faible masse (~ 15 g), la présence des OM-POSS n'a pas donné les effets escomptés. En effet, le système ignifugé ne contenant que les phosphinates de zinc semble mieux agir en termes de performances au feu. Il a néanmoins été observé que l'incorporation des nanocharges réduit considérablement l'opacité des fumées. Un comportement qui mériterait d'être analysé dans des travaux futurs.

L'absence d'effets synergiques entre les deux additifs sélectionnés a fait l'objet d'une étude pour tenter de mettre en évidence les paramètres qui pourraient influencer l'intumescence. Ainsi, nous avons pu écarter l'implication de la grille métallique employée lors des caractérisations au cône calorimètre. Les performances au feu du système ignifugé sont équivalentes, indépendamment de l'état de dispersion des POSS. La mise en œuvre par filage en voie fondue n'a pas d'effets négatifs sur les propriétés au feu du matériau. En revanche, les paramètres de structure tels que la densité (différente entre plaque et tricot) et la masse semblent avoir des effets sur le comportement du système ignifugé étudié. En perspective, il serait intéressant d'approfondir ces recherches et de tenter de corréler les paramètres de structure et les propriétés au feu des matériaux.

Des systèmes ignifugés à base de phosphinates de zinc et différents POSS ont fait l'objet d'une étude comparative. Les matériaux élaborés sous forme de plaques ont montré des comportements distincts durant les caractérisations au cône calorimètre. D'après les résultats obtenus et les éléments de réponse tirés de la littérature, il semblerait que les groupements environnants de la molécule cage POSS affectent significativement la structure charbonnée et par conséquent la résistance au feu du PET ignifugé. Le mécanisme de dégradation thermique des nanocharges et le réarrangement des composés libérés conditionnent l'aspect multicellulaire du char.

Le choix des additifs a été ensuite élargi aux phosphinates d'aluminium qui présentent des propriétés physiques et thermiques différentes de celles des phosphinates de zinc (*e.g.* caractère infusible, taille de particules importante,...). L'utilisation de ce type de charges modifie le comportement rhéologique et mécanique de la matrice polymère, ce qui fait de la mise en œuvre par filage en voie fondue une tâche plus complexe. Des textiles contenant des mélanges de phosphinates d'aluminium et de POSS ont été développés et caractérisés. Les matériaux présentent un bon comportement face à la flamme avec une réduction importante de l'effet de gouttage. L'étude a également mis en évidence l'influence du type de métal présent dans les additifs phosphorés et les potentiels effets catalytiques qu'il génère en association avec les nanocharges POSS. Cette dégradation thermique anticipée accélère la promotion du char et limite donc la quantité de matière impliquée dans le scénario feu.

Le quatrième chapitre est consacré à l'étude des matrices polymères avec une teneur élevée en charge d'environ 20 % en masse. L'ajout du poly (butylène téréphtalate) a été considéré comme potentiel plastifiant capable de résister aux températures de mise en œuvre du PET. Les résultats obtenus ont montré que selon sa fraction massique incorporée dans le PET, le PBT modifie les propriétés rhéologiques et thermiques (fusion et cristallisation) du matériau développé, sans pour autant altérer sa stabilité thermique ou mécanique.

Les différents mélanges de polyesters ont été ensuite étudiés en présence des mélanges FR à base de phosphinates de zinc ou d'aluminium et des OM-POSS. L'incorporation des phosphinates de zinc modifie peu les propriétés thermiques et rhéologiques de la matrice en raison de son caractère fusible. En revanche, l'ajout des phosphinates d'aluminium augmente considérablement la viscosité à chaud du matériau et ralentit sa cinétique de cristallisation. Concernant les OM-POSS, leur présence a peu d'effets sur les propriétés physiques des mélanges développés mais améliore significativement leurs propriétés au feu en terme de PRHR.

L'élaboration de multifilaments à taux de charges élevés a été étudiée sur les systèmes PET/PBT contenant des charges fusibles ou infusibles. Pour toutes les fractions massiques de PBT, les mélanges de polyesters à 20 % en masse de phosphinates de zinc ont été transformés sous forme fibreuse avec succès. La bonne fluidité des matériaux a permis la production des multifilaments. L'incorporation des phosphinates d'aluminium complique l'étape de filage ; seuls les matériaux contenant 50 wt.% de PBT dans la matrice polymère ont pu être transformés en fibres. L'aptitude au filage de ce mélange précis est attribuée à sa faible viscosité à chaud et à sa température de cristallisation basse qui ralentit sa solidification et le rend plus facile à mettre en œuvre.

Le cinquième et dernier chapitre concerne les structures fibreuses sous formes de multifilaments ou de textiles. La méthode d'ignifugation par mélange de fibres a été étudiée. Des fibres *para*-aramide enveloppées de PET ignifugé ont été mises en œuvre par un procédé de guipage. Cette méthode a permis d'associer les performances au feu des deux matériaux pour obtenir un textile avec une bonne résistance à la flamme. Cette structure fibreuse a été comparée à une étoffe à base de Trevira CS®, et montre un comportement au feu plus adéquat pour des applications de recouvrement.

Des textiles ignifugés avec les phosphinates d'aluminium et suivant deux procédés différents, la voie fondue et l'enduction, ont fait l'objet d'une étude comparative. Les deux voies conduisent à des améliorations du comportement au feu du PET en terme de PRHR. Cependant, l'implication des produits d'enduction dans la combustion du matériau augmente les quantités de chaleur et de fumées dégagées comparativement à celui ignifugé par voie fondue.

La dernière section du chapitre traite de l'influence des charges POSS sur les propriétés physiques des matériaux fibreux. Il a été observé un état de dispersion différent avec des POSS de natures distinctes. Les POSS les mieux dispersés ont une meilleure compatibilité avec la matrice polymère, cette dernière étant déduite par mesure des énergies de surface. Aussi, les multifilaments élaborés par les POSS bien dispersés ont un meilleur comportement mécanique qui se répercute sur les propriétés sensorielles du textile. Nous avons pu mettre en évidence à travers cette étude l'impact de la compatibilité polymère/additifs sur les propriétés d'un matériau à l'échelle macroscopique.

Publications

- <u>Didane N</u>, Giraud S, Devaux E, Lemort G *"A comparative study of POSS as synergists with zinc phosphinates for PET fire retardancy"* **Polymer Degradation and Stability** (2012), Vol. 97, p.383

- <u>Didane N</u>, Giraud S, Devaux E, Lemort G *"Development of fire resistant PET fibrous structures based on phosphinates-POSS blends"* **Polymer Degradation and Stability** (2012), Vol. 97, p.879

- <u>Didane N</u>, Giraud S, Devaux E *"Fire performances comparison of back coating and melt spinning approaches for PET covering textiles"* **Polymer Degradation and Stability** (2012), Vol. 97, p.1083

- <u>Didane N</u>, Giraud S, Devaux E, Lemort G, Capon G *"Thermal and fire resistance of fibrous materials made by PET containing flame retardant agents"* **Polymer Degradation and Stability** (sous presse)

- <u>Didane N</u>, Giraud S, Devaux E, Capon G *"Fire retarded PET/para-aramid blended fibres as a solution for covering textiles fireproofing"* **Polymer Degradation and Stability** (soumis)

- <u>Didane N</u>, Giraud S, Devaux E, Lemort G *"The role of poly (ethylene terephthalate)/poly (butylene terephthalate) blends in processing highly loaded multifilaments"* **Journal of Materials Processing Technology** (soumis)

- <u>Didane N</u>, Giraud S, Devaux E, Lemort G *"Surface energy measurement as an approach to evaluate the dispersion state and compatibility of POSS nanofillers within PET polymer matrix"* **European Polymer Journal** (soumis)

- <u>Didane N</u>, Giraud S, Devaux E *"Additives impact on the physical and sensorial properties of polymeric materials processed into fibrous structures"* **Textile Research Journal** (soumis)

Communications

- 3ème Journée Des Doctorants : Didane N, Giraud S, Devaux E *"Elaboration d'une fibre polyester à propriétés retard au feu"* **Poster**, Béthune, France, Juin 2010

- 1st PhD students Research Seminar GEMTEX-UGENT : Didane N, Giraud S, Devaux E *"Development of fire resistant multifilaments via intumescence"* **Présentation orale**, Roubaix, France, Décembre 2010

- 13th European Meeting on Fire Retardant Polymers : Didane N, Giraud S, Devaux E, Samyn F, Casetta M, Duquesne S, Bourbigot S, Capon G, Lemort G *"Thermal and fire resistance of knitted fabrics made by PET filled with fire retardant additives"* **Présentation orale**, Alessandria, Italie, Juin 2011

- Congrès du centenaire ACIT : Didane N, Du J, Giraud S, Devaux E, Lemort G *"Amélioration des propriétés au feu de textiles en polyester par procédé d'enduction"* **Poster**, Roubaix, France, Octobre 2011

- 39èmes Journées d'Etudes des Polymères : Didane N, Giraud S, Devaux E, Lemort G *"Résistances thermique et au feu de structures tricotées composées de PET chargé avec des additifs retardateurs de flammes"* **Présentation orale**, Eppe-Sauvage, France, Octobre 2011

- Nanoitaltex : Giraud S, Didane N, Devaux E, Lemort G *"Coating versus melt spinning: The best way for PET fire protection"* **Présentation orale**, Milan, Italie, 23-24 Novembre 2011

- 13ème congrès SFGP : Didane N, Giraud S, Devaux E, Lemort G *"Study of thermal, rheological and mechanical behaviour of PET/PBT blends obtained via extrusion and melt spinning"* **Poster avec acte**, Lille, France, Novembre 2011

- Journée des jeunes chercheurs UGèPE : Didane N, Giraud S, Devaux E, Lemort G *"Mise en œuvre sous forme fibreuse de copolyesters à base de mélanges PET/PBT"* **Présentation orale**, Roubaix, France, Mai 2012

- 12ème congrès AUTEX : Didane N, Giraud S, Devaux E, Lemort G, Capon G *"Elaboration of polyester fibrous materials with high content of fire retardant additives. Study of their rheological, thermal, mechanical and fire properties"* **Présentation orale avec acte**, Zadar, Croatie, Juin 2012

Elaboration et caractérisation fonctionnelle de matériaux polymères intumescents – Application aux textiles de recouvrement

Résumé - Ce travail se place dans le contexte de développement de nouveaux textiles ignifugés dédiés au recouvrement de sièges pour le secteur ferroviaire. Il porte plus particulièrement sur l'amélioration des propriétés au feu du poly (éthylène téréphtalate) (PET) par addition en voie fondue de retardateurs de flammes. Un mélange synergique d'additifs basé sur la littérature a été sélectionné (phosphinates de zinc et nanocharges *OctaMethyl* POSS) et a permis l'élaboration de multifilaments en PET ignifugé avec une teneur en additifs d'environ 10 % en masse. D'autres systèmes ignifugés à base de phosphinates de zinc ou d'aluminium et différents POSS ont été également étudiés. Les matériaux élaborés ont montré des comportements au feu distincts qui semblent liés d'une part à la dégradation thermique des nanocharges et les composés qu'ils libèrent et d'autre part aux réactions entre les POSS et le métal présent dans les additifs phosphorés. L'élaboration de multifilaments à taux de charges élevés (20 % en masse) a été étudiée avec des phosphinates de zinc ou d'aluminium qui sont respectivement fusibles et infusibles. Les modifications du comportement rhéologique du PET en présence des additifs ont étaient diminuées par l'incorporation du poly (butylène téréphtalate) (PBT). Des travaux sur l'ignifugation des textiles par mélange de fibres ou par enduction ont été menés et ont conduit à des résultats intéressants et complémentaires à l'étude par voie de filage. Les aspects de compatibilité et d'état de dispersion entre additifs et polymère et leur impact sur les propriétés physiques des matériaux fibreux ont été également étudiés.

Elaboration and functional characterization of intumescent polymeric materials – Application to covering textiles

Abstract - This work is dealing with the development of fire resistant covering textiles for railway field. It particularly concerns the improvement of poly (ethylene terephthalate) (PET) fire properties by melt blending fire retardants. Based on literature, a synergistic blend of additives has been selected (zinc phosphinates and *OctaMethyl* POSS nanofillers) and processed into PET multifilaments with 10% of loading content. Other fire resistant systems combining zinc or aluminium phosphinates with different POSS has been also studied. The developed materials showed distinct fire behaviours which could be related in one hand, to the released species of POSS through thermal degradation and on the other hand, to reactions between POSS and the metal element on the phosphorus-containing agent. The elaboration of highly loaded multifilaments (20 wt.%) has been studied with zinc or aluminium phosphinates which are respectively fusible and infusible. Rheological modifications occurred when fillers are added to PET and incorporation of poly (butylene terephthalate) (PBT) diminished the observed phenomena. Works on textile fire retardancy by fibres blending or back coating has been led and gave interesting results. Compatibility and dispersion state of fillers on polymer and their impact on the fibrous materials physical properties has been also studied.

Printed by Books on Demand GmbH, Norderstedt / Germany